4판

현대인의 질환과 생애주기에 맞춘

영양과 식사관리

4판

현대인의 질환과 생애주기에 맞춘

영양과 식사관리

김미현 · 배윤정 · 연지영 · 최미경 지음

교문사

Preface

머리말

과학기술과 식품산업의 발달은 가공식품, 가정간편식, 외식, 배달음식의 증가를 초래하여 현대를 살아가는 사람들의 식품 섭취패턴과 섭취할 수 있는 식품이 더욱 다양해지고 있습니다. 또한 1인 가구와 맞벌이 인구 증가, 2019년 말부터 전 세계를 강타한 코로나19의 확산과 위협으로 인해 배달음식과 가정간편식 시장이 급격하게 확대되고 있어, 간편식 및 배달음식의 과도한 섭취에 따른 영양불균형에 대한 우려가 높아지고 있는 상황입니다. 한편, 비만, 당뇨, 고혈압 등과 같은 만성질환의 예방과 관리뿐만 아니라, 코로나19와 같은 감염성질환의 예방적 차원에서 면역력을 증가시키는 식생활 실천에 대한 관심이 고조되고 있습니다. 본 저자들은 식품영양학 분야에 종사하면서 많은 사람들에게 식생활에 대한 올바른 정보와 지식을 전달하고 실천하게 함으로써 궁극적으로 건강증진 및 질병예방에 기여하고자 하는 마음으로 본 교재를 집필하였습니다.

본 교재의 집필목적은 현대인의 건강문제와 관련한 핵심 영양정보를 알기 쉽게 전달함으로써 매일매일 소개되는 다양한 식품과 범람하고 있는 건강 관련 정보로부터 스스로 올바른 선택을 통해 건강한 식생활을 영위하는 데 도움이 될 수 있도록 하는 것입니다. 그간 여러 차례의 개정 과정을 통하여 새로운 정보를 보강하는 작업을 하였으며, 본 4판에서는 2020년 새롭게 개정된 한국인 영양소 섭취기준을 반영하고, 성인기 이후 현대인에게 중요한 질환 및 건강문제와 관련한 최신의 정보를 보완하는 데 최선의 노력을 다하였습니다.

본 교재는 올바른 식생활관리에 필요한 기초영양에 대한 쉽고 단순한 이론을 먼저 소개하고, 현대인에게 빈발하는 질환별 영양관리, 그리고 성인기 이후의 생애주기별 주요 건강문제에 따른 식사관리에 대한 실천적인 영양관리로 구성하였습니다. 일반인과 대학의 교양 및 식품과 영양 관련 전공의 기초과정, 식생활관리를 공유하는 의료 전문인들의 기초과정에 활용하기에 적합하도록 본 교재를 집필하였습니다. 특히 일반인이 스스로 실천하는 데 도움이 될 수 있도록 각 질환에 적용할 수 있는 식단도 제시하였습니다.

현대인을 둘러싼 식생활 환경은 매우 빠르게 변화하고 있으며, 식생활 정보와 관리 방법 또한 나날이 새로워지고 있습니다. 따라서 저자들은 본 개정 작업을 통해 최신의 정보를 가능한 많이 반영하려고 노력하였음에도 부족한 부분이 있으리라 여기며 앞으로도 지속적으로 수정과 보완을 계속할 것입니다. 본 4판이 나오기까지 애써주신 교문사와 편집을 맡아 주신 편집팀의 노고에 진심으로 감사드립니다.

2021년 8월
저자 일동

Contents

차례

PART 1

영양소의 기능과 질병

질병과 식생활

사람은 인종, 종교, 정치, 경제, 사회의 상태 여하를 불문하고 고도의 건강을
누릴 권리가 있다. 건강을 위해 식생활의 중요성을 인식하고 질병과 식습관과의
관계와 건강을 위한 식생활의 기본원칙을 이해하자.

CHAPTER 1
질병과 식생활

1. 식생활과 건강

현대인들의 '삶의 질'에서 가장 중요한 것은 양호한 건강이다. 세계보건기구(WHO)는 '건강(health)이란 단지 질병이 없거나 육체적으로 허약하지 않을 뿐 아니라 육체적·정신적·사회적으로 완전히 안녕한 상태'라고 정의하고 있다. 단순히 '얼마나 오래 사는가'에 중점을 두지 않고 '얼마나 건강하게 오래 사는가'에 중점을 두고 산출한 지표가 건강수명이다. 건강수명은 평균 수명에서 질병이나 부상으로 활동하지 못한 기간을 뺀 것을 말한다. 최근 우리나라는 평균 수명의 증가로 고령사회로 진입하였고, 어느 때보다 건강수명의 중요성이 강조되고 있다. 건강에 영향을 미치는 요인은 다양하지만 그중에서 특히 큰 몫을 차지하는 것이 식생활이다. 인간의 생명 유지, 성장발육, 활동 등 주요 생활 현상은 모두 식생활에 의해 좌우되며 올바른 식생활 없이는 이와 같은 목적을 달성할 수 없다.

2. 식습관과 영양

인간의 건강과 영양상태는 그들이 먹는 음식에 따라서 좌우되므로 섭취하는 식품의 질과 양은 건강을 유지하는 중요한 요인이 된다. 식생활은 일정 기간이 지나면 식습관으로 고정되어 변경하기 어렵게 된다. 식사내용이나 기호, 식사시간 등의 식습관은 식품과 음식의 공급 가능성, 개인의 경제상태, 문화, 풍습, 인습의 배경, 시대 등 여러 환경적 요인에 따라 오랜 기간에 걸쳐 독특하게 형성된다. 식습관에 따라 그 사람이 섭취하는 음식이 결정되고 그에 따라 영양상태가 좌우되며 이는 결국 건강상태를 결정하게 된다. 어린 시절의 잘못된 식습관은 신체의 발육을 저해하여 국민체위와 정신적 발달, 두뇌의 사고능력 등 심신양면의 저해를 일으킨다.

과거 우리나라는 곡류 위주의 식생활과 짜고 매운 음식을 선호했기 때문에 단백질 부족, 빈혈, 위장관 질병이 많았으나 최근에는 서구화된 식습관으로 인해 비만, 당뇨병, 이상지질혈증, 암 등의 만성질환 발병률이 높아지고 있다 표 1-1. 이와 같이 식습관은 개인, 가정, 국가에 큰 영향을 주므로 올바른 식습관과 균형 잡힌 식생활을 실천하고자 하는 노력은 개인의 행복과 국가의 발전을 위해 매우 중요하다.

표 1-1 질병과 관련된 식습관

질병	식습관 및 위험요인
심장질환	비만, 고지방식, 고콜레스테롤, 저식이섬유식, 비타민 및 무기질 부족
암	알코올, 비만, 저식이섬유식
당뇨병	비만, 고지방식, 과일 및 채소 섭취 부족
비만	고열량식, 고지방식
간경변증	영양 섭취 부족, 알코올 섭취
고혈압	비만, 고염식, 알코올
골다공증	칼슘 및 비타민 D 섭취 부족

건강 유지를 위한 식생활 기본

알아가기 +

1. 적당량을 알맞게 섭취한다.
2. 필요한 영양소를 균형 있게 섭취한다.
3. 식사 횟수와 시간을 규칙적으로 한다.

3. 한국인의 건강과 식생활

사회의 변화에 따라 생활양상이 변화되고 식품산업이 발달하면서 가공식품, 가정간편식(Home Meal Replacement, HMR), 외식의 증가 등으로 인해 음식이 다양해지고 있으며, 그에 따라 고열량, 고지방, 저식이섬유 식사가 증가하고 있다. 최근 1인 가구와 맞벌이 인구 증가로 가정간편식 시장이 확대되면서 세계 각국의 다양한 음식의 제품까지 손쉽게 접할 수 있게 되었다. 간편식은 간편한 식사 대용품으로 즉석섭취식품(예 도시락, 김밥, 샌드위치, 햄버거 등), 즉석조리식품(예 가공밥, 국, 수프 등) 및 신선편의식품(예 샐러드, 간편 과일 등)류가 해당되며, 가정간편식의 시장규모가 5년 사이 100.4%의 증가율을 보였다 그림 1-1 , 그림 1-2 . 또한 현대인은 생활이 복잡해지면서 잦은 결식과 불규칙적인 식사, 약물 치료나 수술 등의 질병 치료 시 발생되는 영양불량, 특정한 식품이나 영양소가 질병의 예방과 치료에 효과적이라는 잘못된 인식, 정신적 스트레스와 신체활동의 감소 등에 노출되어 있다.

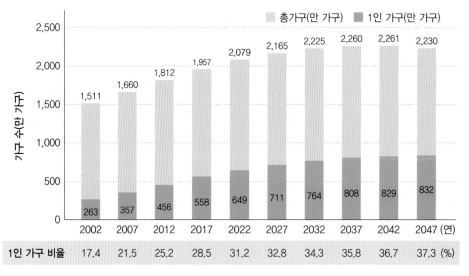

그림 1-1 총가구와 1인 가구
출처 : 통계청(2019). 장래가구추계.

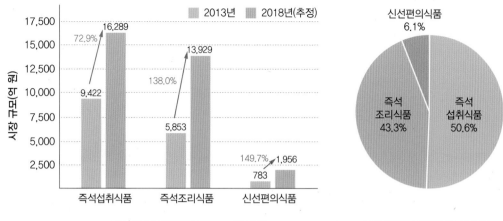

그림 1-2 가정간편식 시장 규모의 변화 및 유통 식품의 규모

출처 : 농림축산식품부, 한국농수산식품유통공사(2019). 2019 가공식품 세분시장 현황, 간편식시장.

1) 한국인의 건강

우리나라는 1960년대까지 절대적인 빈곤과 열악한 보건·의료환경 때문에 폐렴이나 결핵과 같은 감염성 질환으로 인한 사망률이 높았으나, 1960년대 이후 지속적인 경제 성장에 힘입어 국민의 생활수준과 의료수준이 향상되면서 인구 구조와 질병 발생 양상에 큰 변화를 가져왔다 그림 1-3.

최근 우리나라의 질환별 사망원인 순위를 보면 1위가 악성 신생물(암), 2위가 심장질환, 3위가 폐렴, 4위가 뇌혈관질환이다. 이들 대부분 잘못된 식생활이나 바람직하지 못한 생활양상에서 비롯된 생활습관병이다. 또한 그림 1-4 와 같이 성별에 따라 사망원인에 약간의 차이를 보여, 남성의 경우 여성에 비해 암으로 인한 사망률이 높은 편이다.

2) 생활습관병과 식생활

흔히 성인병으로 불리는 생활습관병은 오랜 시간에 걸쳐 몸이 퇴화하면서 발생되는 질환으로 발병 후 환자가 곧바로 사망하지는 않지만 완치는 힘들다. 일단 발병 후에

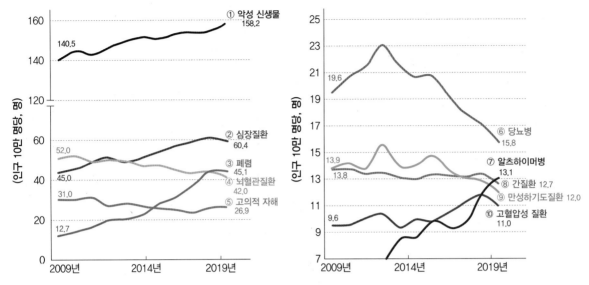

그림 1-3 주요 사망원인별 사망률 추이

출처 : 통계청(2020). 2019 사망원인통계.

그림 1-4 성별 사망원인 순위(2019)

출처 : 통계청(2020). 2019 사망원인통계.

는 더 이상 악화되지 않도록 하는 것이 치료의 목표이다. 따라서 질병의 예방이 가장 중요하다. 생활습관병은 부적절한 식생활, 신체활동 부족, 음주나 흡연 등 여러 가지 발병 요인이 복합적으로 존재하나 이 중 식습관은 스스로 조절할 수 있는 요인으로 질환의 예방과 치료를 위해 가장 쉽게 접근할 수 있다.

3) 한국인의 식생활

(1) 영양 섭취

2019 국민건강통계 결과에 의하면 열량 섭취량은 필요추정량의 남자 98.6%, 여자 88.4%였고, 단백질, 인, 티아민, 리보플라빈은 권장섭취량과 비교 시 100%를 상회하는 반면, 칼슘, 칼륨, 비타민 A, 엽산, 비타민 C는 권장섭취량을 충족하지 않았으며, 여자의 경우 철과 니아신의 섭취가 권장섭취량보다 섭취가 낮았다. 나트륨은 목표섭취량(2,000mg)과 비교 시 과다 섭취하는 것으로 나타났다 **그림 1-5**. 일부 영양소의 섭취량이 섭취기준의 75% 이하인 영양섭취부족자와 125% 초과인 과잉섭취자의 비율이 상당하여 부족과 과잉의 영양문제가 공존하고 있다 **그림 1-6**.

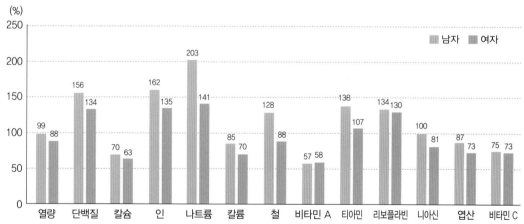

* 영양소 섭취기준에 대한 섭취비율 : 영양소 섭취기준에 대한 개인별 영양소 섭취량 백분율의 평균값, 만 1세 이상
* 영양소 섭취기준 : 2015 한국인 영양소 섭취기준(보건복지부, 2015); 열량(필요추정량), 나트륨(목표섭취량), 칼륨(충분섭취량), 그 외(권장섭취량)

그림 1-5 영양소 섭취기준에 대한 섭취비율
출처 : 보건복지부(2020). 2019 국민건강통계.

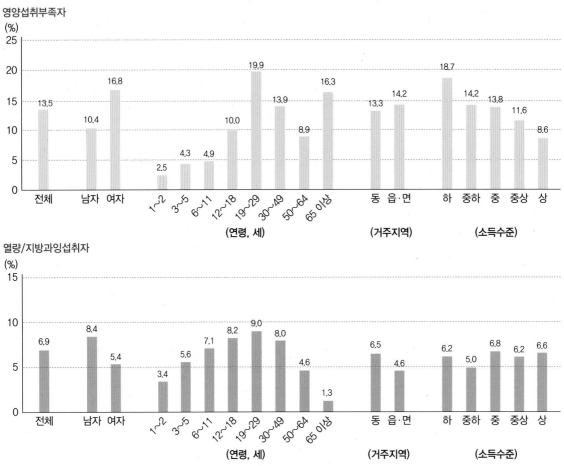

영양섭취부족자
(%)

열량/지방과잉섭취자
(%)

* 영양섭취부족자 분율 : 열량 섭취량이 필요추정량의 75% 미만이면서 칼슘, 철, 비타민 A, 리보플라빈의 섭취량이 평균필요량 미만인 분율, 만 1세 이상
* 열량/지방과잉섭취자 분율 : 열량 섭취량이 필요추정량의 125% 이상이면서 지방 섭취량이 지방의 에너지적정비율의 상한선을 초과한 분율, 만 1세 이상

그림 1-6 영양섭취부족자 및 열량/지방과잉섭취자 분율
출처 : 보건복지부(2020). 2019 국민건강통계.

(2) 식습관과 생활습관

아침식사 결식률은 남자 32.2%, 여자 30.4%였으며, 19~29세 성인에서 아침 결식률이 남자 51.0%, 여자 57.4%로 가장 높게 나타났다 그림 1-7. 외식에서 하루 1회 이상 외식자의 비율이 남자 41.0%, 여자 25.3%로 남자가 여자보다 높았고, 연령대로는 남자 12~49세, 여자 12~18세에서 하루 1회 이상 외식률이 45% 이상으로 나타났다 그림 1-8. 또한 19세 이상 영양표시 이용률은 33.5%(남자 26.9%, 여자 40.5%)였으며,

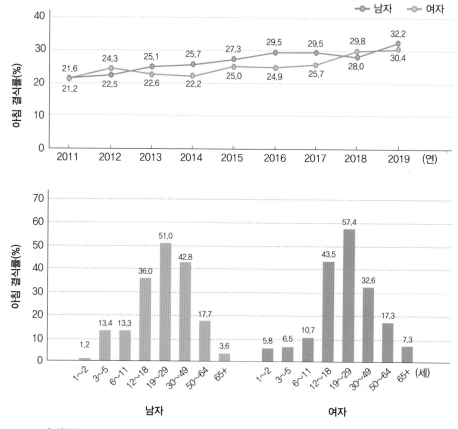

그림 1-7 성별 아침식사 결식률 추이 및 연령별 아침식사 결식률

출처 : 보건복지부(2020). 2019 국민건강통계.

식이보충제(예 비타민/무기질제, 건강기능식품) 복용 경험률은 57.3%(남자 52.3%, 여자 62.4%)로 나타났다.

(3) 식습관 변화와 질병 발생

우리나라는 동물성 식품의 섭취비율이 증가하고 있는데, 이와 같은 식습관의 변화는 질병 양상이 변하고 있는 것과 깊은 관계가 있다. 서구화된 식단의 특징으로 생각되는 고지방, 저식이섬유 식사는 대장암의 원인으로 지적되고 있으며, 고지방 식사가 유

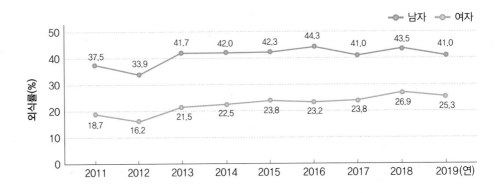

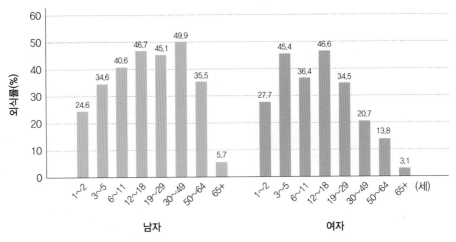

그림 1-8 성별 하루 1회 이상 외식률 추이 및 연령별 외식률

출처 : 보건복지부(2020). 2019 국민건강통계.

방암 및 전립선암의 발생 위험을 증가시키는 것으로 알려져 있다. 이러한 식습관의 변화와 관련된 또 다른 문제는 비만이다. 비만은 고혈압, 당뇨병, 심장질환, 뇌졸중, 이상지질혈증, 담낭질환은 물론 관절염 등 각종 질병의 발생과 관련이 있으며, 흡연과 함께 순환기질환 합병증의 위험도를 더욱 증가시키는 것으로 알려져 있다. 우리나라는 곡류의 과잉 섭취로 인하여 짜게 먹는 식습관을 형성해 왔다. 국민 1인당 소금 섭취량은 1일 평균 10~15g 정도이다. 소금의 주성분인 나트륨의 과잉 섭취는 고혈압 발생을 높이고 고혈압은 동맥경화증, 울혈성심부전 등 다른 심혈관계질환의 원인이 된다. 우리나라 사람에게 많이 발생하는 위암도 소금에 절인 음식의 과잉 섭취가 주요 요인 인 것으로 지적되고 있으며, 나트륨의 과잉 섭취는 뇌경색증, 심장질환, 임신중독증의 발생과도 관련이 있다.

4. 영양소 섭취기준

한국인 영양소 섭취기준이란 우리 국민들을 대상으로 식생활로 인해 발생할 수 있는 건강 문제를 예방하기 위해 설정한 각 영양소의 섭취기준으로, 한국인의 건강을 최적 상태로 유지하고 질병을 예방하는 데 필요한 영양소 섭취 수준이다 표 1-2 . 2020년 한 국인 영양소 섭취기준(Dietary Reference Intakes Koreans, KDRIs)은 섭취 부족의 예 방을 목적으로 하는 세 가지 지표, 즉 평균필요량(Estimated Average Requirement, EAR), 권장섭취량(Recommended Nutrient Intake, RNI), 충분섭취량(Adequate Intake, AI)과 과잉 섭취로 인한 건강문제 예방을 위한 상한섭취량(Tolerable Upper Intake Level, UL), 그리고 만성질환위험감소섭취량(Chronic Disease Risk

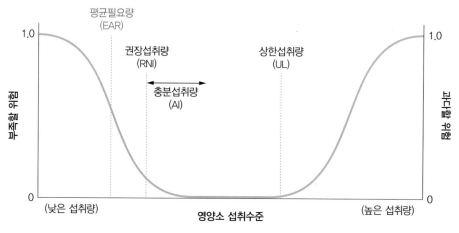

그림 1-9 **영양소 섭취기준의 종류**
출처 : Institute of Medicine(IOM, 2008).

표 1-2 한국인 20대 성인 남녀의 1일 영양소 섭취기준

	남자				여자			
	평균 필요량	권장 섭취량	충분 섭취량	상한 섭취량	평균 필요량	권장 섭취량	충분 섭취량	상한 섭취량
열량(kcal)	2,600[1]				2,000[1]			
탄수화물(g)	100	130			100	130		
식이섬유(g)			30				20	
리놀레산(g)			13.0				10.0	
알파-리놀렌산(g)			1.6				1.2	
EPA+DHA(mg)			210				150	
단백질(g)	50	65			45	55		
수분(mL)[2]			2,600				2,100	
비타민 A(μg RAE)	570	800		3,000	460	650		3,000
비타민 D(μg)			10	100			10	100
비타민 E(mg α-TE)			12	540			12	540
비타민 K(μg)			75				65	
비타민 C(mg)	75	100		2,000	75	100		2,000
티아민(mg)	1.0	1.2			0.9	1.1		
리보플라빈(mg)	1.3	1.5			1.0	1.2		
니아신(mg NE)[3]	12	16		35/1,000[4]	11	14		35/1,000[4]
비타민 B6(mg)	1.3	1.5		100	1.2	1.4		100
엽산(μg DFE)[5]	320	400		1,000[6]	320	400		1,000[6]
비타민 B12(μg)	2.0	2.4			2.0	2.4		
판토텐산(mg)			5				5	
비오틴(μg)			30				30	
칼슘(mg)	650	800		2,500	550	700		2,500
인(mg)	580	700		3,500	580	700		3,500
나트륨(mg)			1,500	2,300[7]			1,500	2,300[7]
염소(mg)			2,300				2,300	
칼륨(mg)			3,500				3,500	
마그네슘(mg)	300	360		350[8]	230	280		350[8]
철(mg)	8	10		45	11	14		45
아연(mg)	9	10		35	7	8		35
구리(μg)	650	850		10,000	500	650		10,000
불소(mg)			3.4	10.0			2.8	10.0
망간(mg)			4.0	11.0			3.5	11.0
요오드(μg)	95	150		2,400	95	150		2,400
셀레늄(μg)	50	60		400	50	60		400
몰리브덴(μg)	25	30		600	20	25		500
크롬(μg)			30				20	

주 [1] 에너지 필요추정량, [2] 총 수분 섭취량, [3] 1mg NE(니아신 당량)=1mg 니아신=60mg 트립토판, [4] 니코틴산/니코틴아미드, [5] Dietary Folate Equivalents. 가임기 여성의 경우 400μg/일의 엽산보충제 섭취를 권장함. [6] 엽산의 상한섭취량은 보충제 또는 강화식품의 형태로 섭취한 μg/일에 해당됨. [7] 만성질환위험감소섭취량, [8] 식품 외 급원의 마그네슘에만 해당

출처 : 보건복지부·한국영양학회(2020). 2020 한국인 영양소 섭취기준.

Reduction intake, CDRR)을 포함하고 있다 그림 1-9 . 또한 에너지 불균형으로 인해 나타나는 만성질환에 대한 위험을 감소시키기 위해 탄수화물, 지방, 단백질의 에너지적 정비율이 제정되었다.

평균필요량은 건강한 사람들의 일일 영양소 필요량의 중앙값에 해당하는 수치이다. 대상 집단의 영양소 필요량 분포치의 중앙값에 해당하는 수치이며, 나머지 50%의 필요량은 충족되지 않을 수 있다. 권장섭취량은 건강한 인구집단의 97~98%의 영양필요량을 충족시키는 수준으로, 평균필요량에 표준편차의 2배를 더하여 정하였다. 충분섭취량은 영양소 필요량에 대한 과학적 근거가 부족하여 건강한 인구집단의 영양소 섭취량을 추정하여 설정한 값이다. 상한섭취량은 특정 인구집단에 속한 거의 대부분의 사람에게 유해영향이 나타나지 않는 최대 영양소의 섭취 수준이다. 에너지적정비율은 각 영양소를 통해 섭취하는 에너지의 양이 전체 에너지 섭취량에서 차지하는 비율의 적정범위를 의미하며, 각 다량 영양소의 에너지 섭취 비율이 제시된 범위를 벗어나는 것은 건강문제가 발생할 위험이 높아진다는 것을 의미한다. 만성질환 위험감소를 위한 섭취량은 건강한 인구집단에서 만성질환의 위험을 감소시킬 수 있는 영양소의 최저 수준의 섭취량이다. 이는 그 기준치 이하를 목표로 섭취량을 감소시키라는 의미가 아니라 그 기준치보다 높게 섭취할 경우 전반적으로 섭취량을 줄이면 만성질환에 대한 위험을 감소시킬 수 있다는 근거를 중심으로 도출된 섭취기준을 말한다. 2020 한국인 영양소 섭취기준에서는 나트륨에 대한 만성질환 위험감소를 위한 섭취량을 설정하였으며, 19~64세 성인에서 나트륨의 만성질환위험감소섭취량은 1일 2,300mg이다.

영양소 섭취기준은 건강한 사람으로 구성된 집단에 적용될 수 있으며, 식사 섭취의 평가나 식사계획에도 다양하게 활용이 가능하다.

5. 식생활의 진단

평소 본인의 식생활은 어떤지 평가해 보자. 표 1-3 의 문항을 읽고 평소 자신의 식생활과 비교하여 해당하는 곳에 대답한다.

표 1-3 **식생활 진단 평가표**

	평상시 나의 식생활은	예(5점)	가끔(3점)	아니오(1점)
1	하루 3번 식사를 하는 날이 일주일에 5일 이상이다.			
2	식사 속도는 평균 10분 이상이다.			
3	식사 시 국과 김치를 제외한 세 가지 이상의 반찬을 먹는다.			
4	과식하지 않는다.			
5	영양소를 고려한 균형 잡힌 식사를 한다.			
6	잡곡밥을 거의 매일 먹는다.			
7	육류나 달걀을 일주일에 5번 이상 먹는다.			
8	어패류(예 생선, 오징어, 조개 등)를 일주일에 3번 이상 먹는다.			
9	김치를 제외한 채소, 해조류, 버섯 등을 매 끼니 먹는다.			
10	과일을 매일 먹는다.			
11	우유나 유제품(예 요구르트, 치즈) 등을 매일 먹는다.			
12	외식할 때 음식이 짜다고 느낀다.			
13	심하게 탄 부분은 먹지 않는다.			
14	곰팡이가 핀 음식은 먹지 않는다.			

	평상시 나의 식생활은	예(1점)	가끔(3점)	아니오(5점)
15	밑반찬, 젓갈류, 자반 등의 짠 음식을 매일 섭취한다.			
16	뜨거운 음식을 즐겨 먹는다.			
17	지방이 많은 육류(예 삼겹살, 갈비 등)는 3일에 1회 이상 먹는다.			
18	외식 시 숯불구이나 고깃집을 1주일에 1회 이상 간다.			
19	육가공식품(예 햄, 베이컨, 소시지 등)이나 라면, 인스턴트 식품을 1주일에 3회 이상 먹는다.			
20	단 음식(아이스크림, 케이크, 스낵, 탄산음료, 꿀, 엿, 설탕 등)을 매일 섭취한다.			

[평가결과]

평가기준	평가내용
80~100점	지금까지의 식생활이 양호하다고 할 수 있습니다. 즉, 건강을 유지하고 암을 예방할 수 있는 식생활을 하고 있다고 생각하시면 됩니다. 앞으로도 현재의 식생활을 유지하면서 암 예방을 위한 식생활지침을 실천해 가시기 바랍니다.
60~79점	지금까지의 식생활에 큰 문제는 없으나 좋지 않은 식습관도 존재합니다. 암 예방 및 건강한 삶을 위해 식생활 개선의 노력이 필요하며, 암 예방을 위한 식생활지침을 염두에 두고 생활하시기 바랍니다.
0~59점	지금까지의 식생활에 문제가 있으며, 이러한 식생활을 계속할 경우 암에 걸릴 위험이 높습니다. 또한 나쁜 습관은 다른 만성질병을 일으킬 수도 있습니다. 지금까지의 식생활에 대해 반성을 하면서 암 예방을 위한 식생활지침에 따라 현재의 식생활을 변화시키기 바라며, 식생활 전문가와 상담하시길 권장합니다.

출처 : 국가암정보센터(2013).

6. 올바른 식생활로 가기

우리 국민이 영양소 섭취를 위해 복잡하게 계산하지 않고 영양소 섭취기준을 충족할 수 있도록 식사구성안이 마련되어 있다. 식사구성안은 영양소 섭취기준을 바탕으로 식품군별 대표식품과 섭취 횟수가 제시된다. 식품군은 곡류, 고기·생선·달걀·콩류, 채소류, 과일류, 우유·유제품류, 유지·당류로 구분되고, 열량에 따른 1인 1회 분량을 기준으로 식품군별 권장 섭취 횟수가 제시되어 있다 표 1-4 . 1인 1회 분량은 1회 섭

표 1-4 생애주기별 권장식사패턴 A(우유·유제품 2회 권장)

열량(kcal)	곡류	고기·생선·달걀·콩류	채소류	과일류	우유·유제품	유지·당류
1,000	1	1.5	4	1	2	3
1,100	1.5	1.5	4	1	2	3
1,200	1.5	2	5	1	2	3
1,300	1.5	2	6	1	2	4
1,400	2	2	6	1	2	4
1,500	2	2.5	6	1	2	5
1,600	2.5	2.5	6	1	2	5
1,700	2.5	3	6	1	2	5
1,800	3	3	6	1	2	5
1,900	3	3.5	7	1	2	5
2,000	3	3.5	7	2	2	6
2,100	3	4	8	2	2	6
2,200	3.5	4	8	2	2	6
2,300	3.5	5	8	2	2	6
2,400	3.5	5	8	3	2	6
2,500	3.5	5.5	8	3	2	7
2,600	3.5	5.5	8	4	2	8
2,700	4	5.5	8	4	2	8
2,800	4	6	8	4	2	8

주) A 타입 : 하루 우유 2컵을 섭취하는 형태의 권장식사패턴
출처 : 보건복지부·한국영양학회(2015), 2015 한국인 영양소 섭취기준.

취하기에 적당한 양으로 설정되었다(예 쌀밥 1공기, 달걀 1개). 식품구성자전거는 식품군을 매일 골고루 필요한 만큼 먹어 균형잡힌 식사를 해야 한다는 의미를 전달하고 있다 그림 1-10 .

건강을 위한 올바른 식생활의 기본은 다음과 같다.

- **식사의 균형** 모든 영양소가 적당한 양으로 포함되어 있는 식사를 한다. 매일의 식사에서 곡류, 고기·생선·달걀·콩류, 채소류, 과일류, 우유·유제품류를 빠뜨리지 않는다.

그림 1-10 식품구성자전거
출처 : 보건복지부·한국영양학회(2015). 2015 한국인 영양소 섭취기준.

- **적절한 양의 섭취** 적절한 양을 섭취하기 위해서는 모든 영양소를 필요한 만큼 골고루 섭취할 수 있도록 식품 섭취를 조절해야 한다.
- **골고루 먹기** 한 가지 식품의 섭취로 모든 영양소의 필요량을 충족시킬 수는 없으므로 골고루 다양한 식품을 먹는다.
- **규칙적인 운동** 열량 섭취와 소비의 균형을 맞춰 적정 체중을 유지하기 위해서는 규칙적인 운동을 해야 한다.

한국인을 위한 식생활지침

알아가기

1. 매일 신선한 채소, 과일과 함께 곡류, 고기·생선·달걀·콩류, 우유·유제품을 균형있게 먹자.
2. 덜 짜게, 덜 달게, 덜 기름지게 먹자.
3. 물을 충분히 마시자.
4. 과식을 피하고, 활동량을 늘려서 건강체중을 유지하자.
5. 아침식사를 꼭 하자.
6. 음식은 위생적으로, 필요한 만큼만 마련하자.
7. 음식을 먹을 땐 각자 덜어 먹기를 실천하자.
8. 술은 절제하자.
9. 우리 지역 식재료와 환경을 생각하는 식생활을 즐기자.

출처: 보건복지부·농림축산식품부·식품의약품안전처(2021).

식품군별 1인 1회 분량

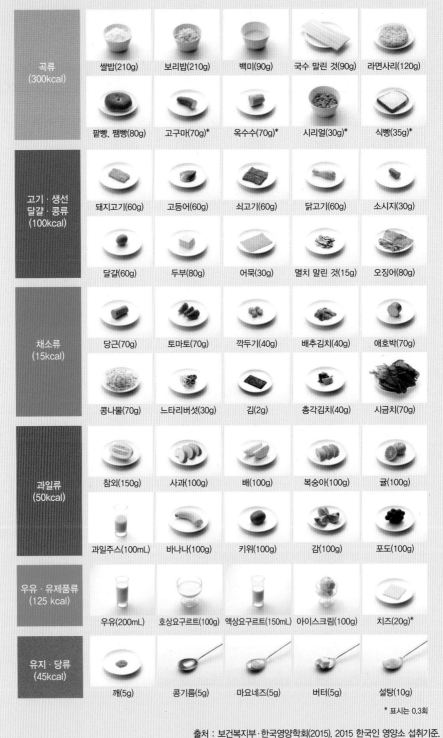

곡류 (300kcal)	쌀밥(210g)	보리밥(210g)	백미(90g)	국수 말린 것(90g)	라면사리(120g)
	팥빵, 잼빵(80g)	고구마(70g)*	옥수수(70g)*	시리얼(30g)*	식빵(35g)*
고기·생선 달걀·콩류 (100kcal)	돼지고기(60g)	고등어(60g)	쇠고기(60g)	닭고기(60g)	소시지(30g)
	달걀(60g)	두부(80g)	어묵(30g)	멸치 말린 것(15g)	오징어(80g)
채소류 (15kcal)	당근(70g)	토마토(70g)	깍두기(40g)	배추김치(40g)	애호박(70g)
	콩나물(70g)	느타리버섯(30g)	김(2g)	총각김치(40g)	시금치(70g)
과일류 (50kcal)	참외(150g)	사과(100g)	배(100g)	복숭아(100g)	귤(100g)
	과일주스(100mL)	바나나(100g)	키위(100g)	감(100g)	포도(100g)
우유·유제품류 (125 kcal)	우유(200mL)	호상요구르트(100g)	액상요구르트(150mL)	아이스크림(100g)	치즈(20g)*
유지·당류 (45kcal)	깨(5g)	콩기름(5g)	마요네즈(5g)	버터(5g)	설탕(10g)

* 표시는 0.3회

출처 : 보건복지부·한국영양학회(2015). 2015 한국인 영양소 섭취기준.

영양표시란 무엇인가요?

1. 영양표시란?

영양표시란 식품에 함유된 영양성분의 정보를 식품포장(정보표시면)에 표시한 것이다.

2. 영양표시 정보

- 영양정보 기준 : 영양표시에 제시된 영양정보의 기준이 되는 단위이다. 기준 단위에는 총 내용량(1포장), 100g 또는 100mL, 단위내용량(1조각 등)이 있다.
- 열량과 영양성분 : 영양정보 기준 단위에 대한 열량과 영양성분이 표시되어 있다. 영양성분은 나트륨, 탄수화물, 당류, 지방, 트랜스지방, 포화지방, 콜레스테롤, 단백질 순으로 의무적으로 표시하여야 한다. 표시 의무대상 영양성분을 제외한 그 밖에 영양표시나 영양성분 강조표시를 하고자 하는 영양성분도 추가로 표시할 수 있다.

3. 1일 영양성분 기준치에 대한 비율(%)

해당 식품을 섭취했을 때 1일 영양성분 기준치와 비교하여 몇 %의 영양성분을 섭취할 수 있는지를 알려 주는 것으로 그 식품 내 영양성분의 함량이 높은 수준인지 아니면 낮은 수준인지를 쉽게 알 수 있게 한다. 단, 열량과 트랜스지방은 제외한다. 예를 들어, A 식품 나트륨의 1일 영양성분 기준치에 대한 비율이 43%라면, A 식품을 모두 섭취하면 나트륨은 1일 영양성분 기준치의 43%를 먹게 된다는 것을 의미한다.

4. 영양표시 확인 3단계

- 1단계 : 영양정보 기준 확인
- 2단계 : 영양성분별 함량 확인
- 3단계 : 1일 영양성분 기준치에 대한 비율(%) 확인

영양성분의 명칭 및 함량
표시 의무대상 영양성분 명칭(9종)

· 열량	· 당류	· 포화지방
· 나트륨	· 지방	· 콜레스테롤
· 탄수화물	· 트랜스지방	· 단백질

영양정보 기준(예 : 총 내용량)에 함유되어 있는 영양성분 함량

그 외 영양표시나 영양 강조표시를 하고자 하는 영양성분 명칭과 함량

영양정보
총 내용량 200g
497kcal

총 내용량당	1일 영양성분 기준치에 대한 비율
나트륨 860mg	43%
탄수화물 70g	22%
당류 12g	12%
지방 13g	24%
트랜스지방 0g	
포화지방 7g	47%
콜레스테롤 55mg	18%
단백질 25g	45%

1일 영양성분 기준치에 대한 비율(%)은 2,000kcal 기준이므로 개인의 필요 열량에 따라 다를 수 있습니다.

제품의 영양정보 기준
영양정보의 기준이 되는 단위
- 총 내용량(1포장)
- 100g 또는 100mL
- 단위내용량(1조각 등)
- 1회 섭취참고량(1수저 등)

열량
영양정보의 기준에 따른 열량

1일 영양성분 기준치란?
하루 열량 섭취량이 2,000kcal일 때를 기준으로 각 영양성분별 필요량으로 정함

1일 열량 섭취량은 성별과 연령에 따라 달라지므로 하루에 필요한 영양성분의 양은 개인마다 차이가 있을 수 있음

5. 영양표시 활용하기

자신의 건강을 위해 관심을 가져야 할 영양성분을 선택한 후 1일 영양성분 기준치에 대해 비교한다.

[기준치보다 적게 먹어요!]

- 체중조절을 위해 열량
- 고혈압의 예방/관리를 위해 나트륨
- 비만과 당뇨병의 예방/관리를 위해 당류
- 심혈관계 질환의 예방/관리를 위해 지방, 트랜스지방, 포화지방, 콜레스테롤

영양소에 대한 이해

영양소는 식품을 구성하고 있는 물질 중에서 우리 몸에 열량을 공급하거나 성장 및 다양한 생리기능을 돕는 등 건강을 유지하는 데 필요한 성분이다. 현재까지 총 50여 종의 영양소가 알려져 있으며 탄수화물, 지방, 단백질, 비타민, 무기질 그리고 물을 6대 영양소로 분류한다. 영양소의 종류와 기능을 파악하고, 영양소의 결핍 또는 과잉 섭취와 관련된 질병을 이해하자.

CHAPTER 2
영양소에 대한 이해

1. 탄수화물

탄수화물(carbohydrate)은 탄소 한 분자에 물이 한 분자씩 결합되어 있는 구조를 가지고 있으며 자연계에 가장 많이 존재하는 유기물질로, 열량 공급원으로써 그 중요성이 매우 크다. 그 이유는 토양에서 쉽게 자라는 곡류, 두류, 과일 및 채소들로부터 널리 그리고 용이하게 구할 수 있으며, 다른 열량 영양소에 비해 상대적으로 값이 저렴하고 장기간 저장이 비교적 용이하기 때문이다.

1) 탄수화물의 분류

탄수화물은 크기에 따라 단당류, 이당류, 올리고당 및 다당류로 분류된다. 이 중 단당류와 이당류는 단순 탄수화물(당류)이라 하고, 다당류는 단순당이 여러 개 모인 형태로 복합 탄수화물이라 부르며, 그 종류로는 전분, 글리코겐, 식이섬유가 있다.

(1) 단당류

단당류는 더 이상 가수분해되지 않는 가장 간단한 구조를 가진 탄수화물의 기본 단위로서, 주요 단당류로는 포도당(glucose), 과당(fructose), 갈락토오스(galactose)가 있다. 포도당은 자연계에 널리 존재하고, 사람의 혈액 중 약 0.1% 정도 함유되어 있어 혈당이라고도 한다. 과당은 주로 과일과 꿀에 함유되어 있으며, 갈락토오스는 포도당과 결합하여 이당류인 유당의 형태로 우유나 유제품에 함유되어 있다.

(2) 이당류

이당류는 2개의 단당류가 결합된 형태의 탄수화물이다. 이당류의 종류로는 맥아당(maltose), 자당(sucrose), 유당(lactose)이 있으며, 이들 모두 포도당을 함유하고 있다 그림 2-1 . 맥아당은 포도당 두 분자로 결합되어 있으며, 전분 소화 과정의 중간산물이다. 자당은 포도당과 과당으로 구성되어 있으며, 설탕 및 과즙 등에 함유되어 있다. 유당은 포도당과 갈락토오스로 이루어져 있으며, 우유와 유제품에 함유되어 있다.

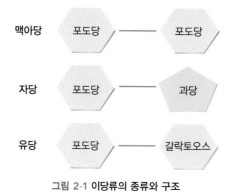

그림 2-1 이당류의 종류와 구조

(3) 올리고당

올리고당은 3~10개의 단당류로 구성되어 있으며, 대부분 사람의 소화효소에 의해 분해되지 않고 대장에 있는 박테리아에 의해 분해되는 특징이 있다. 올리고당은 설탕과 비슷한 단맛과 물성을 가진 저열량 감미료로 각종 가공식품에 첨가되고 있으며, 콩류의 라피노오스(raffinose)와 스타키오스(stachyose) 등이 해당된다.

(4) 다당류

다당류는 포도당이 1,000개 이상 연결된 탄수화물 복합체를 말하며 그림 2-2 , 주로 열량의 저장 형태이거나, 식물의 구조를 형성하는 물질이다. 다당류에는 소화성 다당

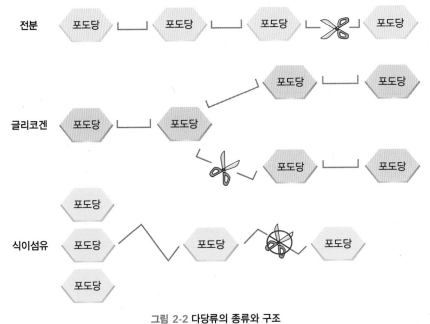

전분

글리코겐

식이섬유

그림 2-2 **다당류의 종류와 구조**

류인 전분 및 글리코겐과 난소화성 다당류인 식이섬유가 있다.

전분

전분(starch)은 식물이 열량을 저장하는 형태로, 식물체에서 여분의 포도당을 중합하여 형성된다. 전분은 포도당 분자의 연결방식에 따라 크게 직선상의 아밀로스(amylose)와 가지상의 아밀로펙틴(amylopectin)으로 나뉜다 **그림 2-3**. 아밀로스와

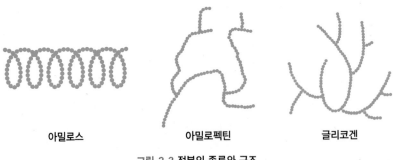

아밀로스   아밀로펙틴   글리코겐

그림 2-3 **전분의 종류와 구조**

아밀로펙틴은 곡류, 감자류 등의 전분식품에 많이 함유되어 있다.

글리코겐

글리코겐(glycogen)은 동물에서의 열량 저장 형태로, 동물은 체내에서 글리코겐의 형태로 포도당 중합체를 만들어 여분의 탄수화물을 저장하게 된다. 글리코겐은 아밀로펙틴과 유사한 구조이지만 아밀로펙틴보다 곁가지를 더 많이 가지고 있다. 글리코겐은 주로 간과 근육에 저장되어 있는데(성인 남자의 경우 약 400g), 약 20%는 간에, 나머지는 근육에 저장된다. 저장되었던 글리코겐은 필요시에 열량원으로 사용된다.

식이섬유

식이섬유(dietary fiber)는 식물에 주로 존재하는 포도당 중합체의 일종으로서, 포도당의 연결방식이 전분과 다르며 인체의 장에는 섬유소를 끊어주는 소화효소가 존재하지 않는다. 따라서 식이섬유는 우리 몸 안에서 소화되지 않아 체내에서 열량을 내지 않고 대변으로 배설된다. 식이섬유는 수용성과 불용성의 두 종류가 있으며, 수용성 식이섬유에는 펙틴, 검, 불용성 식이섬유에는 셀룰로오스, 헤미셀룰로오스, 리그닌 등이 있다.

2) 탄수화물의 체내 기능

(1) 열량 공급

탄수화물은 체내에서 완전 산화 시 1g당 4kcal의 열량을 제공한다. 특히 뇌와 적혈구는 주요 열량원으로 포도당을 사용하며, 그 외 근육 등 다른 세포에서도 포도당과 지방산을 열량원으로 사용한다. 식사 후 체내에서 소화 과정을 통해 흡수된 당은 혈당 수준을 일정하게 유지하고, 여분의 당은 간과 근육에 글리코겐의 형태로 저장되며, 나머지는 지방으로 전환되어 지방조직에 저장된다. 따라서 신체에서 신속하게 열량원(포도당)을 필요로 할 때, 체내에 저장되어 있는 글리코겐을 분해하여 열량원을 공급받을 수 있다.

(2) 케톤증 예방

탄수화물은 지방의 산화 과정에 필요한 물질이다. 탄수화물 섭취가 부족하면 지방조직으로부터 지방산이 필요 이상 분해되는데, 탄수화물 섭취 부족으로 인하여 지방산이 체내에서 불완전하게 산화되고 그 결과 케톤체(ketone body)가 만들어져 혈액과 조직에 축적된다. 케톤체가 혈액과 조직에 축적되는 것을 케톤증이라 하고, 주된 증상으로는 호흡기를 통한 아세톤 냄새, 식욕 저하, 다뇨, 갈증 및 뇌손상 등이 있다. 이러한 케톤증을 방지하기 위해서는 하루에 최소 50~100g의 탄수화물 섭취가 필요하다.

(3) 단백질 절약 작용

탄수화물 섭취가 부족한 경우 신체는 근육 조직 내 단백질을 분해하여 포도당을 합성하게 되는데, 저열량식이나 기아 상태가 몇 주간 지속되면 근육조직이 쇠약해진다. 따라서 탄수화물을 충분히 섭취하면 체내 단백질이 포도당 합성에 쓰이지 않으므로 단백질을 절약할 수 있다.

(4) 식이섬유 제공

탄수화물의 종류 중 하나인 식이섬유는 체내에서 다양한 기능성을 가지고 있다. 수용성 식이섬유는 장내 미생물에 의해 발효되어 단쇄지방산을 합성하며, 물과 친화력이 커서 쉽게 용해되거나 팽윤되어 겔을 형성한다. 이에 따라 수용성 식이섬유는 콜레스테롤, 당, 무기질 등과 같은 여러 영양성분들의 흡수를 지연시키는 작용을 한다.

알아가기

식이섬유의 기능

수용성 식이섬유
- 혈중 콜레스테롤을 낮춤
- 담석 형성을 예방함
- 위장에 포만감을 줌으로써 비만 예방에 효과적임
- 포도당의 흡수를 늦추어 급격한 혈당 상승을 억제함

불용성 식이섬유
- 대변의 용적을 증가시켜 대장암, 변비를 예방함
- 장 내부의 압력을 저하시켜 충수염, 탈장, 치질을 방지함

불용성 식이섬유는 장내 미생물에 의해 분해되지 않고 배설되므로 배변량과 배변속
도 등을 증가시키는 작용을 한다.

(5) 음식에 단맛과 향미 제공

탄수화물 중 단당류(포도당, 과당, 갈락토오스)와 이당류(맥아당, 자당, 유당)는 정도
에 차이는 있으나 모두 단맛을 내므로 식품의 조리 및 풍미에 영향을 미친다.

3) 탄수화물의 급원식품 및 적정 섭취량

탄수화물을 함유한 식품은 다양하며, 밥, 빵, 국수, 파스타, 감자, 과일, 설탕, 잼 등에
많이 함유되어 있다 표 2-1 , 표 2-2 . 열량 영양소 간의 균형을 위하여 탄수화물 : 단백
질 : 지방의 열량 적정 비율로 19세 이상 성인의 경우 55~65% : 7~20% : 15~30% 정
도를 권장하고 있다. 케톤증을 방지하기 위해서는 하루에 50~100g 이상의 탄수화물
섭취가 필요하다. 우리나라에서는 케톤증 예방을 위하여 전 생애주기에서 탄수화물
에 대해 1일 130g이 권장섭취량으로 설정되었다. 식이섬유는 19~64세 성인에서 1일
남성은 30g, 여성은 20g이 충분섭취량으로 설정되었다. 또한 총 당류 섭취량을 총 열
량 섭취량의 10~20%로 제한하고, 특히 식품의 조리 및 가공 시 첨가되는 첨가당은
총 열량 섭취량의 10% 이내로 섭취하도록 한다. 첨가당의 주요 급원으로는 설탕, 액
상과당, 물엿, 당밀, 꿀, 시럽, 농축과일주스 등이 있다.

표 2-1 탄수화물 종류별 급원식품

종류		급원식품
단당류	포도당	포도, 사과, 살구, 복숭아 등의 과일
	과당	꿀, 시럽
이당류	맥아당	엿기름
	자당	설탕, 꿀, 시럽
	유당	우유, 유제품
다당류	전분	쌀·보리·밀 등의 곡류, 감자·고구마 등의 서류, 콩·팥 등의 콩류
	식이섬유	채소류, 과일류, 곡류, 콩류, 해조류 등의 식물성 식품

표 2-2 탄수화물 주요 급원식품(1회 분량 당 함량)

	1회 분량(g)	함량(g)
메밀국수	210	128
국수	210	126
라면(건면, 스프 포함)	120	83
찹쌀	90	74
떡	150	73
보리	90	68
백미	90	67
현미	90	67
빵	100	50
만두	100	28
당면	30	27
고구마	70	24
밀가루	30	23
감자	140	22
바나나	100	22

출처 : 보건복지부·한국영양학회(2020). 2020 한국인 영양소 섭취기준.

궁금해요

첨가당이란 무엇일까요?

우리가 일반적으로 섭취하는 당류는 과일, 우유 등의 식품에 함유되어 있는 천연당과 가공 및 조리 시에 첨가하는 첨가당으로 구분된다. 첨가당을 많이 함유하고 있는 가당 음료수의 경우 비만, 당뇨병, 심혈관계 질환의 위험을 높인다는 연구보고가 있어, 첨가당의 섭취 조절이 필요하다. 2021년 식품의약품안전처의 발표 자료에 따르면 가공식품 섭취를 통한 한국인의 하루 평균 당류 섭취량은 36.4g(하루 총 열량의 7.4%)으로 세계보건기구(WHO)의 하루 섭취 권고기준(하루 총 열량의 10%)보다 낮은 수준이었으나, 유아, 청소년 등 일부 연령층의 경우 WHO 권고기준을 초과하는 것으로 나타났다. 따라서 당류 함량이 낮고, 영양을 고루 갖춘 식품을 선택해 당류 섭취를 줄일 필요성이 있다. 첨가당의 주요 급원으로는 설탕, 액상과당, 물엿, 당밀, 꿀, 시럽, 농축과일주스 등이 있다.

천연당　　　　　　　첨가당

2. 지방

지방(lipid)은 탄소, 수소, 산소로 이루어진 유기 화합물로서, 물에는 녹지 않고 유기 용매에는 녹는 영양소이다. 지방은 탄수화물이나 단백질보다 탄수와 수소의 수가 더 많고 산소는 적어, 더 많은 열량을 생산할 수 있다. 지방은 상온에서 고체 형태인 지방(fat)과 액체 형태인 기름(oil)으로 나눌 수 있으며, 식품과 체내에 있는 지방은 대부분 중성지방이다.

1) 지방의 분류

지방에는 중성지방, 인지질, 콜레스테롤 등이 있다 그림 2-4 . 또한 식품 중 지방은 다양한 지방산으로 구성된 복합체 형태로 존재하는데, 지방산의 특성에 따라 다양하게 분류할 수 있다.

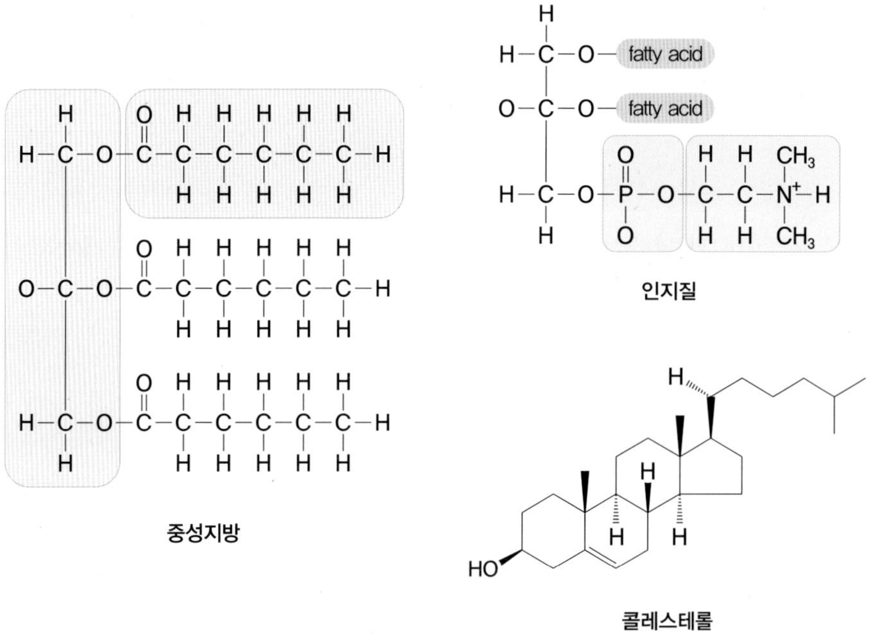

그림 2-4 지방 구조의 모형도

(1) 중성지방

중성지방(triglyceride, TG)은 글리세롤 한 분자에 3개의 지방산이 붙어 있는 구조로, 식품이나 생체 지방산의 95%는 중성지방의 형태로 존재한다. 중성지방은 동물과 식물에서 열량을 저장하는 형태로서, 신체의 주요 열량 급원으로 중요한 역할을 한다.

(2) 인지질

인지질(phospholipid)은 수용성 및 지용성의 성질을 동시에 지니고 있는 지방이다 그림 2-5 . 생체 내에서 세포막의 주요 구성성분으로서, 세포막을 통과하는 지용성 및 수용성 물질의 통로 역할을 한다. 또한 인지질은 수용성인 인산기와 지용성인 지방산을 동시에 가지고 있어, 우리 몸에서 유화제로 작용한다. 인지질 중 가장 많이 알려진 형태로는

인산기(친수성)

지방산(소수성)

그림 2-5 인지질의 구조

레시틴이 있다. 레시틴은 담즙 중의 콜레스테롤을 안정화시켜 담석이 생기는 것을 막아주며 달걀, 대두, 기타 콩류에 많이 함유되어 있다.

(3) 콜레스테롤

콜레스테롤(cholesterol)은 육류, 가금류, 어류, 난류 등의 동물성 식품에 존재하는 지방으로 표 2-3 , 세포막의 구성성분, 에스트로겐, 부신피질호르몬, 태반 호르몬 등의 전구체, 비타민 D와 담즙산의 전구체 기능을 한다. 콜레스테롤은 신체 내에서 합성이

콜레스테롤 함유식품

표 2-3 콜레스테롤 함유량에 따른 식품 분류 (단위 : 가식부 100g당 mg 함량)

소량 함유(0~50)	중등 함유(50~100)	다량 함유(100 이상)
달걀흰자, 우유, 식물성 기름, 견과류 (땅콩, 잣)	생선류, 치즈, 아이스크림, 육류, 돼지기름, 도넛	달걀노른자, 오징어, 명란젓, 새우, 가재, 내장, 소기름, 버터

가능하여 체내에 보유된 총 콜레스테롤의 2/3는 체내에서 합성된 것이며, 나머지 1/3 정도는 식사로 섭취한 것이다.

(4) 지방산

지방산(fatty acid)은 우리 몸과 식품에 있는 지방의 구성성분으로서 다양한 복합체의 형태로 식품 중에 존재한다. 지방산은 포화도에 따라 포화지방산, 단일 및 다가 불포화지방산으로 분류되거나 **그림 2-6** 이중결합의 위치에 따라 ω-3 지방산, ω-6 지방산, ω-9 지방산으로 분류된다. 지방산은 긴 탄소사슬로 연결되어 있고 여기에 많은 수소가 결합되어 있으며, 한쪽 끝에는 메틸기($-CH_3$, methyl group)를, 다른 쪽 끝에는 카르복실기(-COOH, carboxyl group)를 가진다.

또한 일부 지방산들은 신체가 필요로 하는 양만큼 체내에서 합성할 수 없어 반드시 식품을 통해 섭취해야 하는데, 이를 필수지방산이라 한다.

• **지방산의 분류**

- 포화도에 따른 분류 : 탄소는 이웃하는 4개의 원자와 결합할 수 있는데, 사슬의 말단을 제외한 탄소가 다른 2개의 탄소 및 2개의 수소와 결합된 상태를 포화지방산으로 분류한다. 포화지방산은 동물성 식품, 코코넛유 등에 함유되어 있으며, 대체로 실온에서 고체 상태로 존재한다. 불포화지방산은 포화되지 않고 지방산 사슬 중에 인접해 있는 2개의 탄소가 이중결합을 가지고 있는 상태로, 이때 이중결합이 하나면 단일 불포화지방산(mono unsaturated fatty acid, MUFA), 2개 이상이면 다가 불포화지방산(poly unsaturated fatty acid, PUFA)이라 한다. 단일 불포화지방산은 채종유, 올리브유, 다가 불포화지방산은 옥수수유, 콩기름 등에 함유되어 있다.

그림 2-6 포화도에 따른 지방산의 분류

- 이중결합의 위치에 따른 분류 : 지방산은 존재하는 이중결합의 위치에 따라 대사가 달라질 수 있다. 지방산의 말단에 있는 메틸기로부터 세어 처음에 나타나는 이중결합이 몇 번째부터인가에 따라 ω-3, ω-6, ω-9계 지방산으로 분류한다. ω-3계 지방산으로는 α-리놀렌산(α-linolenic acid), EPA(eicosapentaenoic acid), DHA(docosahexaenoic acid)가 있으며, ω-6계 지방산으로는 리놀레산(linoleic acid), 아라키돈산(arachidonic acid), ω-9계 지방산으로는 올레산(oleic acid)이 있다.

알아가기

트랜스지방산과 시스지방산

천연에 존재하는 불포화지방산은 지방산의 이중결합 부위가 구부러지는 시스(cis)형을 가지고 있다. 그러나 불포화지방에 수소를 첨가하여 만든 경화유(쇼트닝, 마가린)의 경우 수소를 첨가하는 과정에서 포화지방의 함량이 증가할 뿐만 아니라 불포화지방의 이중결합 부위의 모양이 달라지게 된다. 구부러지는 모양이 달라진 지방산을 트랜스(trans)지방산이라 하며, 이는 포화지방산의 구조와 유사할 뿐만 아니라 체내에서도 포화지방산과 유사한 작용을 한다. 때문에 최근에는 혈중 콜레스테롤을 증가시키고 심혈관질환의 위험을 증가시키는 포화지방산뿐만 아니라 트랜스지방산의 섭취를 줄일 것을 권고하고 있다. 트랜스지방산의 섭취를 줄이기 위하여 마가린이나 쇼트닝의 섭취를 줄이고, 이러한 제품을 이용하는 가공식품의 섭취에 주의하여야 한다.

포화지방산   시스형 불포화지방산   트랜스형 불포화지방산

- **필수지방산**　필수지방산은 신체에서 합성이 되지 않거나 합성이 되더라도 그 양이 부족하여 반드시 식사로 섭취해야 하는 지방산을 말하며, 필수지방산의 종류로는 α-리놀렌산, 리놀레산, 아라키돈산이 있다. α-리놀레산은 ω-3계 지방산으로 EPA, DHA로 전환될 수 있으며, 리놀레산은 ω-6계 지방산이다. ω-3 및 ω-6계 지방산은 세포막의 구성성분으로, 호르몬 유사물질인 에이코사노이드(eicosanoid)를 합성한다. 필수지방산이 부족하면 성장 지연, 피부병, 학습능력 저하 등의 결핍 증세가 나타날 수 있으므로, 성장기 어린이는 필수지방산의 섭취가 부족하지 않도록 주의해야 한다. ω-3계 지방산은 고등어, 참치 등의 등푸른 생선에 함유되어 있으며, ω-6계 지방산은 옥수수유 등으로부터 공급받을 수 있다.

2) 지방의 체내 기능

(1) 열량 공급

지방은 1g당 9kcal의 열량을 공급하며, 탄수화물이나 단백질에 비해 농축된 열량원이다. 또한 인체는 사용하고 남은 여분의 열량을 주로 중성지방의 형태로 지방조직에 저장하게 되며, 지방세포는 체내에서 효율적인 열량 저장고로써 기능한다.

(2) 체온 조절 및 신체 장기 보호

지방은 물에 비해 열전도율이 낮아, 열 손실을 막는 절연체 역할을 통해 추위에도 체온변동을 적게 해준다. 또한 저장된 지방은 외부의 충격으로부터 신체의 장기 등을 보호하는 역할을 한다.

(3) 맛, 향미 및 포만감 제공

지방은 음식에 독특한 질감을 주고, 향미를 주는 물질을 함유하고 있어 맛과 향미를 증진시킨다. 또한 지방은 탄수화물이나 단백질보다 위장관의 통과시간이 느리기 때문에 포만감을 준다.

(4) 지용성 비타민의 흡수 촉진

지방은 소장에서 지용성 비타민(비타민 A, D, E, K)의 용매로써 작용하여 소화 및 흡수를 돕는다.

3) 지방의 급원식품 및 적정 섭취량

식품 중 지방은 식물성 기름, 고체성 기름, 견과류, 드레싱 등에 함유되어 있으며, 기름기 많은 육류, 생선류 및 가공품 등에도 함유되어 있다 표 2-4 , 그림 2-7 . 우리나라는 1~2세에서 총 열량 섭취량의 20~35%를, 3세 이상에서 15~30% 정도를 지방으로부터 섭취하도록 권장하고 있다. 지방산의 포화 정도(이중결합의 수)에 따라서 체내에서의 지방의 기능이 다양하므로 식사로부터 섭취하는 지방산의 절대량과 상대적인 비

표 2-4 지방 주요 급원식품(1회 분량 당 함량)

	1회 분량(g)	함량(g)
샌드위치/햄버거/피자	150	19.8
케이크	90	17.0
라면(건면, 스프 포함)	120	13.8
오리고기	60	11.4
장어	60	10.3
소고기(살코기)	60	10.2
고등어	70	9.3
크림	20	9.0
아이스크림	100	7.8
과자	30	6.8
돼지고기(살코기)	60	6.8
우유	200	6.6
만두	100	6.6
아몬드	10	5.1
들기름	5	5.0

출처 : 보건복지부·한국영양학회(2020). 2020 한국인 영양소 섭취기준.

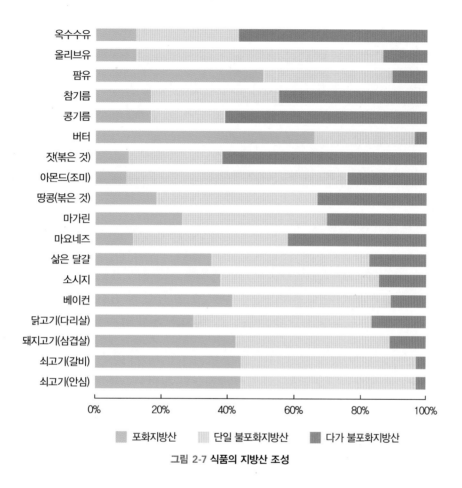

그림 2-7 **식품의 지방산 조성**

율이 중요하다. 따라서 지방산의 종류별 섭취 권장 비율이 설정되어 있다. 또한 19세 이상 성인에서 포화지방산은 총 열량 섭취량의 7% 미만, 트랜스지방산은 총 열량 섭취량의 1% 미만, 콜레스테롤은 1일 300mg 미만의 섭취를 권고하고 있다.

3. 단백질

단백질(protein)은 신체 기능의 조절과 유지에 필수적인 영양소로서, 체내에서 효소, 호르몬, 항체 형성 등의 주요 기능을 수행하고 근육 등의 체조직을 구성한다. 따라서 식사를 통해 체내에 필요한 단백질을 규칙적으로 공급해 주는 일은 건강 유지에 필수적이다.

1) 단백질의 구성

단백질을 구성하고 있는 기본단위는 아미노산으로, 단백질은 최소 100여 개 이상의 아미노산으로 구성되어 있다. 아미노산은 탄소, 수소, 산소 및 질소로 구성되며, 일부 아미노산은 무기질인 황을 함유하고 있다. 아미노산은 중심 탄소 원자에 아미노산기($-NH_2$), 카르복실기($-COOH$), 수소($-H$), 그리고 알킬기($-R$)가 결합되어 있다.

자연계에 존재하는 아미노산은 매우 다양하지만, 단백질을 구성하는 아미노산은 총 20종으로, 고유의 특유한 구성으로 식이 및 조직 단백질을 구성한다. 20종의 아미노산은 체내에서 합성 여부에 따라 필수와 불필수아미노산으로 나누어진다 표 2-5 . 불필수아미노산은 체내에서 합성할 수 있어 반드시 식품으로 섭취할 필요가 없으며, 필수아미노산은 체내에서 합성되지 않거나 합성되는 양이 적어 반드시 식사를 통하여 섭취하여야 한다. 체내에 필요한 단백질을 정상적으로 합성하기 위해 필수아미노

궁금해요 ＋

단백질 보충제, 무엇인지 아시나요?

단백질 보충제는 근육의 성장에 필요한 단백질을 공급하는 보충제로, 단백질 보충제 재료의 종류는 콩, 우유, 달걀, 소고기 등으로 다양하며 그중 유청 단백질이 많이 알려져 있다. 단백질 보충제는 대부분 파우더의 형태로 물, 우유, 두유 등의 액체에 섞어 먹기도 한다. 주로 근육을 만들기 위해 운동을 하는 사람들이나 균형잡힌 식단 관리가 어려운 사람이 단백질 보충제를 섭취하는 경우가 많은데, 단백질 보충제는 근육 손실 등의 문제가 있을 때 섭취하는 용도로 개발되었기 때문에 건강한 일반 사람들이 섭취할 필요는 없다. 근육 증가를 위해서 본인에게 맞는 운동 계획 실천과 균형잡힌 식단을 섭취하는 것이 좋고, 단백질 보충제는 말 그대로 신중하게 보조 용도로만 사용하는 것을 권한다.

표 2-5 필수아미노산과 불필수아미노산의 종류

필수아미노산	불필수아미노산
페닐알라닌(phenylalanine)	글라이신(glycine)
트립토판(tryptophan)	알라닌(alanine)
발린(valine)	프롤린(proline)
루신(leucine)	타이로신(tyrosine)
이소루신(isoleucine)	세린(serine)
메티오닌(methionine)	시스테인(cystein)
트레오닌(threonine)	아스파테이트(apartate)
라이신(lysine)	글루타메이트(glutamate)
히스티딘(histidine, 어린이)*	아스파라긴(asparagine)
	글루타민(glutamine)
	아르기닌(arginine)

주) *는 어린이에게 있어서만 필수아미노산

산을 충분히 섭취해야 한다.

　또한 단백질은 식품 급원에 따라 동물성 단백질과 식물성 단백질로 구분할 수 있다. 동물성 단백질의 급원으로는 고기, 생선, 달걀 등이 있으며, 식물성 단백질의 급원으로는 콩류, 곡류 등이 있다. 동물성과 식물성 단백질은 그 급원이 다르기 때문에, 필수아미노산의 조성 역시 매우 다르다. 동물성 단백질은 필수아미노산의 함량 및 그 조성이 우수한 반면, 식물성 단백질은 대체로 필수아미노산의 함량이 부족하거나, 필수아미노산이 제한적으로 함유되어 있기도 하다. 예외로 콩류는 다른 식물성 단백질에 비해 필수아미노산의 함량이 높은 편이다.

2) 단백질의 체내 기능

(1) 체구성 성분

단백질은 신체 조직의 구성성분으로, 조직의 성장과 유지에 매우 중요하다. 단백질은 체내에서 근육, 결체조직, 뼈의 지지구조 등을 구성하고 있다.

(2) 수분 평형 유지

혈액 단백질인 알부민은 체내 수분 평형의 유지에 관여한다. 혈중 단백질은 분자량이 커서 모세혈관을 빠져나가지 못하고, 혈관 내 삼투압을 조직보다 높게 유지시킴으로써 조직으로 수분이 빠져나가는 것을 조절하게 된다. 만약 단백질 섭취가 충분하지 못하면, 혈액 중 단백질 양이 줄어들면서 수분이 조직으로 이동하여 부종이 나타나게 된다 그림 2-8.

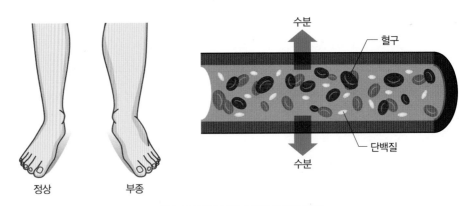

그림 2-8 단백질 결핍에 의한 부종의 발생

(3) 체액의 산·염기 평형 유지

혈액 중 단백질은 산과 염기의 역할을 모두 수행할 수 있는 양성 물질이다. 따라서 단백질은 체내에서 쉽게 수소이온을 내어주거나 받아들임으로써, 혈액의 pH를 항상 일정하게 유지시키는 완충제로 작용한다(pH 7.35~7.45).

(4) 호르몬, 효소, 신경전달물질 형성

단백질은 체내의 생화학적 반응을 촉매하는 효소, 조절작용을 담당하는 호르몬 등을 구성하는 주요 성분이다. 단백질로 구성된 대표적인 호르몬으로는 인슐린, 갑상선 호르몬 등이 있고, 신경전달물질로는 세로토닌, 카테콜아민 등이 있다.

(5) 면역기능

단백질은 면역세포에서 생성하는 항체를 구성하는 물질로, 섭취 부족 시 면역능력 저하로 인하여 질병에 대한 저항력이 약해진다.

(6) 포도당 생성 및 열량원

단백질은 탄수화물과 마찬가지로 체내에서 완전 산화 시 1g당 4kcal의 열량을 제공한다. 만약 식사로 탄수화물을 충분히 섭취하지 못하면, 체조직 중 단백질을 분해하여 열량원으로의 포도당을 제공한다. 따라서 장기간 탄수화물의 섭취가 부족할 경우에는 많은 양의 근육조직이 소모될 수 있으므로, 탄수화물과 단백질의 적절한 섭취가 필요하다.

 궁금해요

적색육과 가공육은 건강에 어떠한 영향을 미칠까요?

적색육은 소고기, 송아지고기, 돼지고기, 양고기, 말고기, 염소고기 등을 포함한 모든 포유류의 살코기를 말하고, 가공육은 향미 증진 혹은 보존·개선을 목적으로 염장, 염지, 발효, 훈제 또는 기타 가공 과정을 거친 식육으로 햄, 소시지, 소고기 통조림, 육포, 식육 통조림, 식육 베이스 조리식품 또는 소스 등이 있다. 적색육 또는 가공육을 조리할 때는 헤테로사이클릭아민뿐만 아니라 다환방향족탄화수소(발암성 화학물질)를 포함한 기타 화학물질이 생성되어 암을 유발할 수 있다. 적색육과 가공육의 섭취 시 건강에 미치는 위해를 줄이기 위해서는 다음과 같은 방법이 있다.

- 고온에서 오래 구워 먹기보다 삶거나 끓여 먹는 조리법을 사용한다.
- 지방이 많은 고기보다는 살코기 위주의 고기를 선택한다.
- 육류 섭취 시 가급적 가공육의 섭취를 제한한다.

적색육

가공육

3) 단백질의 급원식품 및 적정 섭취량

단백질의 주요 급원은 동물성 육류(예 소고기, 돼지고기, 닭고기), 생선, 달걀, 우유 및 유제품(예 치즈, 요거트) 등이 있다 표 2-6. 단백질 필요량은 정상적인 신체활동을 하면서 열량 균형을 유지하는 상태에서, 식사로 섭취된 질소와 체외로 손실되는 질소량 사이에 균형을 이룰 수 있는 정도의 양이다. 한국인 영양소 섭취기준에 의하면 단백질은 체중 1kg당 0.91g이 권장되며, 성별 및 연령에 따라 단백질의 권장섭취량은 각기 달라 19~29세 성인 남성에서는 1일 65g, 여성에서는 1일 55g이다. 또한 총 열량 섭취량의 7~20%를 단백질로 섭취하는 것이 권장되고 있으며, 식사 시 다양한 양질의 단백질을 조금씩 나누어 섭취하는 것이 바람직하다.

표 2-6 **단백질 주요 급원식품(1회 분량 당 함량)**

	1회 분량(g)	함량(g)
새우	80	22.6
가다랑어	60	17.4
국수	210	15.2
오징어	80	15.1
고등어	70	14.7
샌드위치/햄버거/피자	150	14.3
닭고기	60	13.8
소 부산물(간)	45	13.1
돼지고기(살코기)	60	11.9
돼지 부산물(간)	45	11.7
명태	60	10.5
라면(건면, 스프 포함)	120	10.3
소고기(살코기)	60	10.2
빵	100	9.0
백미	90	8.4

출처 : 보건복지부·한국영양학회(2020), 2020 한국인 영양소 섭취기준.

4. 비타민

비타민(vitamin)은 생체의 대사와 생리적 기능을 조절하는 유기물질로 반드시 필요한 필수영양소이다. 비타민은 체내에서 열량 대사 및 각종 대사 과정을 원활하게 하기 위한 보조효소로 작용하며 세포분열, 시력, 성장, 상처 치유, 혈액 응고 등의 다양한 체내 생리기능을 돕는다. 비타민은 체내에서 합성되지 않으므로 반드시 식이를 통해 섭취하여야 하며, 인체가 필요로 하는 양은 매우 소량이지만 그 섭취량이 부족하면 결핍증이 발생할 수 있다. 비타민은 유기용매에 용해되는 지용성 비타민(비타민 A, D, E, K)과 물에 용해되는 수용성 비타민(비타민 B군, 비타민 C)으로 분류한다.

1) 지용성 비타민

지용성 비타민은 기름과 유기용매에 용해되는 특징을 가지고 있으며, 그 종류로는 비타민 A, D, E, K가 있다. 지용성 비타민은 체내에 저장될 수 있어 섭취량이 부족해도 결핍증세가 서서히 나타나지만, 장기간 과잉으로 섭취하면 체내에 저장되어 독성을 나타낼 위험성이 있다. 지용성 비타민의 흡수를 위해서는 담즙의 도움이 필요하며, 따라서 지방의 적정한 섭취가 필요하다.

(1) 비타민 A

식품 중의 비타민 A는 활성형과 전구체의 두 가지 형태로 존재한다. 활성형 비타민 A는 레티놀(retinol)로 동물성 식품에 존재하며, 체내에서 곧바로 비타민 A의 활성을 나타낸다. 비타민 A의 전구체는 식물성 식품에 존재하는 다양한 카로티노이드(carotenoid)로서 베타-카로틴이 대표적이며, 짙은 녹황색, 등황색 채소 및 과일 등에 많이 함유되어 있다.

　비타민 A는 상피세포의 합성, 구조 유지 및 정상적인 기능을 위해 필요하며, 시각기능 및 항암작용 등의 기능을 한다. 따라서 비타민 A가 결핍되면 어두운 곳에서 물체를 잘 볼 수 없는 야맹증이 나타날 수 있다. 또한 상피세포의 퇴화 등으로 인하여 망막조직의 각질화가 진행되면 결막염, 각막건조증, 각막연화증으로 발전하며, 심한 경우에는 실명에 이를 수 있다 그림 2-9 . 비타민 A는 과다 섭취 시 독성이 나타날 수 있는데, 임신기에 섭취가 과다하면 사산, 출생 기형, 영구적 학습장애 등이 나타날 수 있다.

비타민 A의 권장량은 레티놀 활성당량(Retinol Activity Equivalents, RAE)으로 표현된다. 비타민 A의 1일 권장섭취량은 19~49세 성인 남자에서 800㎍ RAE, 19~49세 여자에서는 650㎍ RAE이며, 상한섭취량은 3,000㎍ RAE이다. 비타민 A의 급원으로 레티놀은 버터, 간유, 난황, 연어 등 동물성 식품에 풍부하게 함유되어 있으며, 카로티

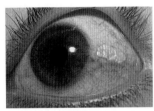 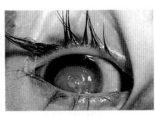 

| 각막건조증 | 각막연화증 | 심한 각막연화증(실명 단계) |

그림 2-9 비타민 A 결핍증

표 2-7 비타민 A 주요 급원식품(1회 분량 당 함량)

	1회 분량(g)	함량(㎍ RAE)
소 부산물(간)	45	4249
돼지 부산물(간)	45	2432
닭 부산물(간)	45	1791
장어	60	630
시리얼	30	482
들깻잎	70	441
시금치	70	411
당근	70	322
상추	70	258
과일음료	100	219
부추	70	124
케이크	90	118
아이스크림	100	117
우유	200	110
수박	150	107

출처 : 보건복지부·한국영양학회(2020). 2020 한국인 영양소 섭취기준.

노이드류는 시금치, 당근, 감, 귤, 푸른잎 채소 등 녹황색이 진한 식물성 식품에 함유되어 있다 표 2-7 .

(2) 비타민 D

비타민 D는 다른 비타민과 달리 체내에서 합성될 수 있기 때문에 음식을 통한 공급뿐만 아니라 정상적인 야외생활을 통해서도 신체에 필요한 비타민 D를 충분히 공급받을 수 있다. 비타민 D는 소장에서의 칼슘 흡수와 콩팥에서의 칼슘 재흡수를 증가시킴으로써 칼슘이 골격 형성에 이용되도록 한다. 성인의 경우 비타민 D의 섭취가 부족하면 뼈에서 칼슘이 빠져나가 골밀도가 저하되고 이에 따라 골절이 자주 발생하는 골다공증이 초래된다. 비타민 D 섭취가 부족한 영아 및 소아에서는 뼈가 약해지고 골격의 변형이 초래되는 구루병이 발생된다 그림 2-10 .

비타민 D는 효모, 버섯, 동물의 피부조직, 버터, 간유 및 달걀 등에 다량 함유되어 있다. 비타민 D 함량이 낮은 우유, 시리얼 등의 식품에 비타민 D를 보강해 준 비타민 D 강화식품도 좋은 급원이 될 수 있으며, 특히 칼슘의 우수한 급원인 우유에 비타민 D를 보강해 주면 칼슘의 흡수율을 높일

비타민 D 함유식품

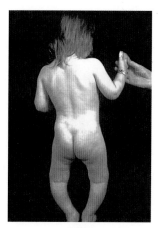

구루병

골다공증

그림 2-10 **비타민 D 결핍증**

수 있어 매우 효과적이다. 비타민 D 필요량은 일광의 강도와 햇빛에 노출된 시간, 피부색에 따라 달라지는데, 1일 충분섭취량은 19~49세 성인 남녀에서 모두 10μg이다.

(3) 비타민 E

비타민 E로는 α-, β-, γ-, δ- 등을 비롯한 8종류의 토코페롤이 알려져 있는데, 이 중 α-토코페롤의 활성이 가장 크다. 비타민 E의 가장 중요한 생리기능은 항산화 기능이다. 비타민 E는 자신이 쉽게 산소와 결합함으로써 다른 물질의 산화에 필요한 산소를 제거하고 결과적으로 산화를 방지하는 역할을 한다. 또한 식이 불포화지방산이나 비타민 A와 같은 지용성 영양소의 산화를 보호하는 역할을 한다. 식물성 유지가 불포화지방산을 다량 함유하고 있음에도 불구하고 쉽게 산패되지 않는 것은 식물성 기름에 비타민 E가 함께 함유되어 있기 때문이다. 따라서 다가 불포화지방산의 섭취가 많을수록 이의 산화 방지를 위해 비타민 E의 필요량이 함께 증가된다. 비타민 E의 섭취 부족 시 헤모글로빈이 적혈구에서 유리되어 용혈성 빈혈이 나타난다.

비타민 E의 1일 충분섭취량은 19~49세 성인의 경우 남녀 모두 12mg α-토코페롤이다. 비타민 E는 곡류의 배아, 종실유, 콩류, 푸른잎 채소, 식물성 기름과 마가린 등에 다량 함유되어 있다.

비타민 E 함유식품

(4) 비타민 K

대부분의 비타민이 체내에서 합성되지 않으나 비타민 K는 사람의 장에서 박테리아에 의해 상당히 많은 양이 합성된다. 비타민 K는 간에서 혈액 응고 인자의 합성에 관여하며 비타민 K가 결핍되면 혈액 응고 시간이 지연된다. 또한 비타민 K는 뼈의 형성 과정을 도와 뼈 발달에도 관여한다. 비타민 K는 일반적으로 결핍증이 거의 없지만, 신생아의 경우 장이 깨끗한 상태이기 때문에 출혈이 있을 때 혈액 응고가 어려운 신생아 출혈이 나타날 수 있다.

비타민 K의 1일 충분섭취량은 19~49세 성인의 경우 남자에서 75μg, 여자에서 65

μg이다. 시금치, 양배추 등의 푸른잎 채소류에 비타민 K가 많이 함유되어 있다.

2) 수용성 비타민

수용성 비타민은 물에 용해되며, 그 종류로는 비타민 B군(티아민, 리보플라빈, 니아신, 비타민 B_6, 엽산, 비타민 B_{12})과 비타민 C가 있다. 비타민 B 복합체에 속하는 비타민들은 대부분 열량 대사에서 보조효소로써 작용하는 특징이 있다. 수용성 비타민은 체액에 용해되어 소변으로 쉽게 배설되므로 결핍 증세가 빨리 나타나고, 매일 식사를 통해 충분히 섭취해야 한다.

(1) 티아민

티아민(thiamin, 비타민 B_1)은 체내에서 탄수화물 대사에 관여하는 여러 효소들의 보조인자로 작용하며 뇌와 신경기능을 도와주는 역할도 한다. 티아민의 결핍증으로

표 2-8 **티아민 주요 급원식품**(1회 분량 당 함량)

	1회 분량(g)	함량(mg)
순대	100	0.57
시리얼	30	0.55
샌드위치/햄버거/피자	150	0.45
만두	100	0.45
돼지고기(살코기)	60	0.40
장어	60	0.40
옥수수	70	0.34
현미	90	0.24
보리	90	0.21
빵	100	0.17
햄/소시지/베이컨	30	0.15
라면(건면, 스프 포함)	120	0.13
닭고기	60	0.12
국수	210	0.12
돼지 부산물(간)	45	0.12

출처 : 보건복지부·한국영양학회(2020). 2020 한국인 영양소 섭취기준.

는 각기병이 있는데, 증상으로는 사지의 감각, 운동 및 반사기능의 장애, 심근 약화로 인한 심부전증, 식욕부진 및 소화불량 등이 있다.

티아민의 권장량은 열량 섭취량에 비례하여 증가한다. 19~49세 성인 남자의 1일 권장섭취량은 1.2mg이고, 성인 여자에서는 1.1mg이다. 티아민은 돼지고기, 전곡(배아), 두류, 효모 및 견과류 등에 다량 함유되어 있다 표 2-8 .

(2) 리보플라빈

리보플라빈(riboflavin, 비타민 B_2)은 탄수화물, 지방 및 아미노산이 대사되어 열량과 물로 분해되는 산화 과정이 진행되는 데 있어서 필수적인 역할을 한다. 리보플라빈 결핍 시 신체의 다양한 부위에서 장애가 나타난다. 입술 가장자리가 헐고 염증이 생기거나 입가가 찢어지는 구순구각염과 혀가 붉어지고 쓰라린 설염 증세가 대표적이다 그림 2-11 .

리보플라빈의 권장량은 열량 섭취량에 비례하여 증가한다. 19~49세 성인 남자의 1일 권장섭취량은 1.5mg이고, 성인 여자의 경우 1.2mg이다. 우유, 요구르트, 치즈는 리보플라빈의 가장 풍부한 식품이다. 우유 2컵에는 약 0.7mg의 리보플라빈이 함유되어 있으며 그 외에도 육류, 달걀, 강화된 곡류제품에도 리보플라빈이 풍부하다 표 2-9 . 리보플라빈은 자외선에 의해 파괴되기 쉬운 특성이 있다.

설염

구각염

그림 2-11 리보플라빈 결핍증

표 2-9 리보플라빈 주요 급원식품(1회 분량 당 함량)

	1회 분량(g)	함량(mg)
소 부산물(간)	45	1.54
돼지 부산물(간)	45	0.99
시리얼	30	0.92
라면(건면, 스프포함)	120	0.86
깻잎	70	0.36
빵	100	0.33
우유	200	0.32
고등어	70	0.32
달걀	60	0.28
다시마 육수	200	0.18
시금치	70	0.17
깨	5	0.15
요구르트(호상)	100	0.15
두부	80	0.14
대두	20	0.14

출처 : 보건복지부·한국영양학회(2020). 2020 한국인 영양소 섭취기준.

(3) 니아신

니아신(niacin, 비타민 B_3)은 리보플라빈과 함께 탄수화물, 지방 및 단백질의 이용과정을 촉매하는 효소의 보조효소로 작용한다. 니아신의 대표적인 결핍증인 펠라그라(pellagra)는 피부염, 식욕부진, 설사, 정신적 무력증, 우울 등의 증상을 보이는데 이러한 증세를 적절히 치료하지 않으면 사망에 이를 수 있다.

체내에서 60mg의 트립토판(tryptophan)이 1mg의 니아신으로 전환되므로, 트립토판이 풍부한 식사로도 니아신을 섭취할 수 있다. 니아신의 함량은 니아신 당량(Niacin Equivalents, NE)으로 표현된다. 니아신은 티아민, 리보플라빈과 마찬가지로 열량 섭취량에 비례하여 권장량이 증가한다. 19~49세 성인 남자의 1일 권장섭취량은 16mg NE이고, 성인 여자는 14mg NE이다. 니아신의 영양밀도가 높은 식품으로는 버섯, 참치, 닭고기 등이 있으며 효모, 가금류, 콩류 및 우유 등의 식품은 니아신 함량은 낮으나 트립토판 함량이 높다.

(4) 비타민 B₆

비타민 B₆는 단백질 및 아미노산 대사에 관여하며 신경 및 면역계의 정상적인 기능을 위해서 반드시 필요하다. 비타민 B₆는 임신 초기의 입덧, 차멀미 또는 뱃멀미 등의 구토증상을 치료하는 데 효과적이다. 비타민 B₆ 결핍은 주로 다른 비타민 B 복합체의 섭취가 부족한 사람에게서 나타나며, 임상적 결핍증상으로는 피부염, 구각염, 구내염, 간질성 혼수, 말초신경 장애, 메스꺼움, 현기증, 우울증, 콩팥결석, 빈혈 등이 있고, 심하게 결핍되면 전신경련을 포함한 극심한 신경장애가 나타난다.

비타민 B₆의 1일 권장섭취량은 19~49세 성인 남자의 경우 1.5mg, 여자의 경우 1.4mg이다. 비타민 B₆는 동·식물계에 널리 존재하며, 특히 단백질 함량이 높은 어육류 및 달걀류는 비타민 B₆의 좋은 급원식품이다. 임신부, 수유부, 질병 및 수술 후 회복기 환자의 경우 단백질과 함께 비타민 B₆의 필요량이 증가하므로 섭취량을 늘려야 한다.

(5) 엽산

엽산(folate)은 녹색잎을 가진 식물에 널리 분포되어 있으며 인체 및 동물의 세포분열 또는 성장인자로 작용하고, 비타민 B₁₂와 함께 적혈구 형성 과정에도 관여한다. 엽산 결핍 시 거대적혈모구 빈혈이 발생하는데, 이는 엽산이 부족하면 빠른 속도로 교체되어야 하는 적혈구 등의 세포들이 DNA를 합성할 수 없기 때문에 성숙한 적혈구로 분열되지 못하여 크기가 비정상적으로 크면서도 미숙한 상태의 거대적아구 상태로 있게 됨으로써 발생된다 **그림 2-12**. 또한 임신부의 임신 초기 엽산 영양상태가 불량하면 신경관 손상이 나타날 수 있는데, 신경관 손상은 초기 태아의 신경조직의 분화가 제대로 되지 못하여 이분척추, 무뇌증, 뇌수종 등의 증세를 보일 수 있다.

엽산의 권장섭취량은 식이엽산당량(Dietary Folate

엽산 함유식품

표 2-10 엽산 주요 급원식품(1회 분량 당 함량)

	1회 분량(g)	함량(µg DFE)
오이 소박이	60	350
시금치	70	190
파김치	40	180
대두	20	151
소 부산물(간)	45	114
들깻잎	70	105
총각김치	40	103
딸기	150	81
돼지 부산물(간)	45	73
옥수수	70	62
상추	70	59
달걀	60	49
현미	90	44
빵	100	35
고구마	70	30

출처 : 보건복지부·한국영양학회(2020). 2020 한국인 영양소 섭취기준.

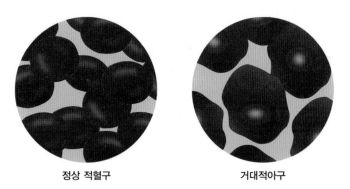

정상 적혈구   거대적아구

그림 2-12 정상 적혈구와 거대적아구

Equivalents, DFE)으로 표시되며, 식이엽산당량이란 식품에서 유래되는 엽산과 합성
엽산의 흡수율 차이를 반영한 단위이다. 엽산의 1일 권장섭취량은 19~49세 성인 남
녀에서 모두 400µg DFE이다. 엽산이란 용어가 라틴어 'folium'(식물의 잎(foliage)

이라는 뜻)으로부터 유래되었듯이 시금치와 같은 짙푸른 잎채소에 특히 풍부하며, 브로콜리, 아스파라거스 등의 채소류, 간, 오렌지주스, 밀의 배아 등에도 풍부하다 표 2-10 . 엽산은 식품을 조리, 가공하는 과정에서 50~90%까지 파괴되는데, 특히 열에 의해 쉽게 파괴되며, 조리수를 통한 손실량이 절반에 이르기 때문에 신선한 생과일과 지나치게 열처리하지 않은 채소가 엽산 공급원으로 좋다.

(6) 비타민 B_{12}

비타민 B_{12}(cobalamin)는 비타민 중에서 유일하게 무기질인 코발트(Co)를 분자구조에 포함하고 있어, 코발아민이라 명명되었다. 체내에서 엽산이 적혈구와 DNA 합성에 이용 가능한 활성형으로 전환되기 위해서는 비타민 B_{12}가 필요하다. 즉, 비타민 B_{12}는 핵산 합성과 조혈작용에 관여하며, 또한 신경세포의 유지를 돕는 기능을 한다.

비타민 B_{12}의 흡수 과정에는 위에서 분비되는 내적 인자의 도움이 필요하다. 유전적 결함에 의해 비타민 B_{12}의 장내 흡수에 필요한 내적 인자가 체내에서 합성되지 않을 경우, 비타민 B_{12}의 흡수가 저해되고 이에 따라 악성빈혈이 발생한다. 여기서 '악성'이라 함은 최종적으로 '사망에 이른다'는 것을 의미한다. 악성빈혈 환자의 경우, 비타민 B_{12}제의 경구복용보다는 주사를 통한 보충이 더 효과적이다.

비타민 B_{12}의 1일 권장섭취량은 19~49세 성인 남녀 모두 2.4μg이다. 비타민 B_{12}는 주로 동물성 식품에 풍부하며, 식물성 식품에는 거의 발견되지 않는다. 비타민 B_{12}의 함량이 높은 식품은 동물의 간, 심장, 콩팥 등의 내장류와 어패류 등이며, 쇠고기, 달걀, 우유 및 유제품도 비교적 비타민 B_{12}가 풍부한 식품이다. 채식주의자들은 건강을 유지하기 위하여 비타민 B_{12}를 보충 섭취해야 한다.

비타민 B_{12} 함유식품

(7) 비타민 C

비타민 C(ascorbic acid)는 자신이 쉽게 산화되어 다른 물질의 산화를 방지해 주는 항산화 영양소이다. 즉, 세포 내에서 생성되는 활성화 산소를 제거하여 세포를 보호해 주는 역할을 한다. 또한 비타민 C의 주요 기능 중 하나는 콜라겐 합성에 관여하는 것이다. 콜라겐은 신체의 단백질 중 양적으로 가장 많은 단백질로, 세포와 세포를 결합하고 연결시키는 시멘트 역할을 함으로써 피부, 연골, 치아, 모세혈관, 근육 등을 단단하게 구성해 준다. 그 외에 비타민 C는 철의 흡수를 촉진시키고 엽산의 체내 이용을 원활하게 하며, 결핍 시에는 빈혈이 유발될 수 있다.

비타민 C가 결핍되면 정상적인 콜라겐 합성에 장애가 나타나 신체에 분포되어 있는 결합조직에 변화를 초래한다. 증세가 진전되면 괴혈병이 발생하는데, 초기 증세로 잇몸의 출혈 및 염증이 나타나고 심해지면 관절이 붓고 골격통증, 골격조직의 발육부진, 골절 등의 증상이 나타나며, 외상 시 쉽게 출혈한다. 그 외에도 비타민 C는 면역체

표 2-11 비타민 C 주요 급원식품(1회 분량 당 함량)

	1회 분량(g)	함량(mg)
구아바	100	220.0
딸기	150	100.7
키위	100	86.5
파프리카	70	64.2
시리얼	30	57.3
유산균음료	200	48.8
파인애플	100	45.4
가당음료(오렌지주스)	100	44.1
오렌지	100	43.0
시금치	70	35.3
풋고추	70	30.8
귤	100	29.1
토마토	150	21.2
배추	70	17.1
감	100	14.0

출처 : 보건복지부·한국영양학회(2020). 2020 한국인 영양소 섭취기준.

피토케미컬이란 무엇인가요?

피토케미컬(phytochemical)은 식물을 뜻하는 피토(phyto−)와 화합물을 뜻하는 케미컬(chemical)의 합성어로, 식물의 뿌리나 잎에서 만들어지는 모든 화학물질을 총칭하는 개념이다. 피토케미컬은 식물 자체에서 자신과 경쟁하는 식물의 생장을 방해하거나, 각종 외부 공격으로부터 자신의 몸을 보호하는 역할을 한다. 이와 같이 피토케미컬은 체내에서 항산화물질로 작용하거나 세포 손상 등을 억제하는 작용을 하기 때문에, 적절한 양을 섭취하는 경우 건강에 상당히 유익한 기능을 가질 수 있다. 대표적인 피토케미컬로는 카로티노이드, 라이코펜, 플라보노이드, 안토시아닌, 캡사이신, 카테킨 등이 있다.

피토케미컬 함유 식품

계에 중요한 역할을 하므로 비타민 C가 결핍되면 감염성 질환에 걸리기 쉽다.

비타민 C의 1일 권장섭취량은 19~49세 성인 남녀 모두 100mg이며, 비타민 C는 신선한 과일 및 채소류, 특히 감귤류, 딸기에 많이 함유되어 있다 표 2-11 . 비타민 C는 쉽게 산화되므로 식품의 저장 기간이 길수록 비타민 C 함량이 감소하고 조리 및 가공 과정 중 손실되기 쉽다. 전자레인지를 사용하는 경우에는 비타민 C가 거의 손실되지 않는 반면, 찜을 하거나 따뜻한 곳에 보관하면 단시간이라 하더라도 신선한 채소에 비해 약 40~50% 정도의 비타민 C가 파괴되므로, 비타민 C가 손실되지 않는 조리법을 사용하는 것이 바람직하다.

5. 무기질

자연계에 존재하는 물질 중 분자구조에 탄소를 함유하는 물질을 유기물이라 하고, 탄소를 함유하지 않은 물질을 무기물이라 한다. 탄수화물, 지방, 단백질, 비타민 등의 영양소는 탄소, 수소, 산소 및 질소 등의 원소가 서로 결합하여 구성되어 있는 반면, 무기질은 단일원소 그 자체가 바로 영양소이다.

무기질은 체내 조직을 구성하고, 체내의 여러 생리기능을 조절, 유지하는 데 중요한 역할을 하며, 필요량에 따라 다량 무기질과 미량 무기질로 분류된다. 일반적으로 하루에 100mg 이상 필요로 하는 무기질을 다량 무기질이라고 하며 칼슘, 인, 나트륨, 칼륨, 마그네슘 등이 이에 속한다. 하루에 필요량이 100mg 이하인 무기질은 미량 무기질이라고 하며, 인체의 생명 유지에 필수적인 미량 무기질로는 철, 아연, 구리, 요오드, 불소 등이 있다.

1) 다량 무기질

(1) 칼슘

칼슘(calcium, Ca)은 무기질 중 체내에 가장 많이 함유되어 있으며, 체중의 약 1.5~2.2%를 차지하므로, 체중이 70kg인 성인의 경우 약 1~1.5kg의 칼슘을 체내에 보유하고 있는 셈이다. 체내에 존재하는 칼슘의 99% 이상이 골격과 치아의 구성성분으로 작용하며, 나머지 1% 미만의 칼슘은 혈액 및 체액에 존재하면서 다양하고도 중요한 생리적 조절기능을 담당하고 있다. 세포내액에 존재하는 칼슘은 근육의 수축에 관여하며, 신경의 자극 전달과 혈액응고에 관여하기도 한다. 칼슘의 대표적인 결핍증으로는 골다공증이 있다.

혈중 칼슘 농도를 유지하는 데 관여하는 생체물질로는 부갑상선 호르몬, 활성형 비타민 D, 갑상선에서 분비되는 칼시토닌 등이 있다. 혈중 칼슘 수준의 유지를 위해 소장에서의 칼슘의 흡수와 콩팥에서의 칼슘의 재흡수가 중요하다. 이와 같은 칼슘의 흡수율은 식사에 포함된 다른 영양물질 및 칼슘 급원식품 등에 따라 차이가 있을 수 있다. 예를 들어 비타민 D는 소장에서의 칼슘 흡수와 콩팥 세뇨관에서의 칼슘 재흡수를 촉진함으로써 칼슘의 체내 이용률을 증가시킬 수 있고, 유즙에 함유되어 있는 유당은 칼슘의 소장 내 흡수를 촉진하는 반면, 피틴산, 수산, 탄닌 등은 칼슘의 흡수를 저하시킨다. 또한 인을 과잉으로 섭취하면 칼슘 흡수가 저해되어 손실이 증가하므로, 칼슘과 인의 섭취 비율을 1~2 : 1 정도로 하는 것이 바람직하다.

칼슘의 1일 권장섭취량은 19~49세 성인 남자에서 800mg, 성인 여자에서 700mg

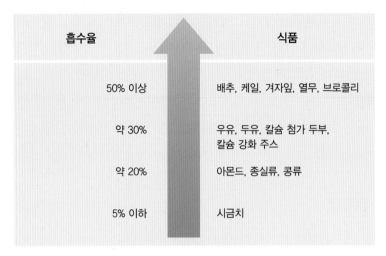

그림 2-13 각종 식품의 칼슘 흡수율

출처 : Weaver & Plawecki(1994), Am J Clin Nutr 59: 1238S–1241S.

표 2-12 칼슘 주요 급원식품(1회 분량 당 함량)

	1회 분량(g)	함량(mg)
미꾸라지	60	720
멸치	15	373
굴	80	342
우유	200	226
들깻잎	70	207
홍어	60	183
요구르트(호상)	100	141
치즈	20	125
라면(조리한 것, 스프 포함)	250	120
건미역	10	111
채소음료	100	95
어패류젓	15	89
상추	70	85
아이스크림	100	80
명태	60	65

출처 : 보건복지부·한국영양학회(2020), 2020 한국인 영양소 섭취기준.

이다. 우유 한 잔에는 1일 칼슘 권장량의 1/3에 해당되는 약 200mg의 칼슘이 함유되어 있다. 이와 같이 우유 및 유제품은 칼슘 함량이 높을 뿐만 아니라, 칼슘 흡수를 촉진시키는 유당을 함유하고 있으므로 칼슘의 체내 이용률 또한 높은 우수한 급원식품이다. 뼈째 먹는 생선, 굴 및 해조류 역시 칼슘의 좋은 급원식품이다. 푸른잎 채소류도 칼슘을 많이 함유하고 있으며, 두부의 원료가 되는 콩 자체는 칼슘 함량이 낮으나 두부의 제조 과정에서 칼슘이 간수의 형태로 첨가되므로 두부는 칼슘 함량이 비교적 높은 식품이다 그림 2-13 , 표 2-12 .

(2) 인

인(phosphorus, P)은 양적으로 볼 때 칼슘 다음으로 신체에 많이 함유되어 있는 무기질이다. 체내에 존재하는 인의 85%가 골격과 치아조직에 함유되어 있고, 신체에 함유된 나머지 15%의 인은 뼈와 치아를 제외한 거의 모든 세포에 골고루 분포되어 있으며, 열량 대사에 관여한다. 인은 세포의 핵 안에 존재하는 핵산(DNA 및 RNA)의 구성성분이 되며, 그 외에도 체액의 pH를 일정하게 유지시키는 데 관여한다. 또한 세포막을 구성하는 인지질, 지단백질의 구성성분이기도 하다.

인의 1일 권장섭취량은 19~49세 성인 남녀 모두 700mg이다. 인은 곡류, 육류, 우유 및 유제품 등 다양한 식품군에 함유되어 있기 때문에 정상적인 식사를 하는 경우 인 결핍증은 흔치 않다. 현대에는 인 함유량이 높은 가공식품이나 탄산음료 등의 섭취량이 높기 때문에 인의 섭취량 역시 증가하는 추세이다. 인의 과잉 섭취 시 칼슘 : 인의 균형이 깨져, 뼈에서 칼슘이 용출되면서 뼈가 약해지는 현상이 나타날 수 있다.

(3) 나트륨

나트륨(sodium, Na)은 소금 또는 식탁염인 '염화나트륨(NaCl)'의 구성성분이다. 짠맛은 다섯 가지 기본적인 맛 중 첫 번째로, 식생활에서 음식의 간을 맞추는 데 매우 중요한 역할을 한다. 나트륨은 세포외액의 대표적인 양이온으로서 삼투압 또는 체액량을 조절하고 산·알칼리 평형을 유지하는 데 관여한다. 또한 나트륨은 칼슘과 함께 신경을 자극하고 정상적인 근육의 흥분성 및 과민성을 유지하는 역할을 한다.

나트륨의 권장량은 정해져 있지 않으나, 나트륨 평형을 위한 최소 섭취량은 180mg 이다. 일상적인 식생활에서 우리의 나트륨 섭취량은 하루 약 3,300mg 정도로서 나트륨 평형을 위한 최소 섭취량보다 매우 많이 섭취하고 있다. 과잉 섭취에 대한 건강위험이 우려되어 나트륨의 경우 다른 영양소와는 다르게 만성질환 위험감소를 위한 섭취기준이 설정되어 있으며, 만성질환 위험감소를 위한 나트륨 섭취기준은 성인 기준 1일 2,300mg이다. 만약 나트륨 섭취량이 1일 2,300mg보다 높을 경우, 전반적으로 섭취량을 줄이면 만성질환 위험을 감소시킬 수 있다는 것을 의미한다.

육류, 달걀, 유제품 등 동물성 식품과 곡류 및 콩류 등 식물성 식품은 그 자체에 자연적으로 나트륨을 함유하고 있다. 일반적으로 식물성 식품보다는 동물성 식품 중에 나트륨이 더 많이 함유되어 있다. 한국인의 경우, 소금 이외에도 간장, 된장 및 고추장 등 양념의 형태로 첨가되는 나트륨이 총 나트륨 섭취량의 상당 부분을 차지한다. 각종 가공식품의 제조 시에도 안정제, 방부제, 팽창제, 베이킹파우더 및 발색제 등 다양한 형태의 식품첨가제가 이용되고 있는데, 이들 성분 중에도 나트륨이 포함되어 있다. 또한 화학조미료인 MSG(Monosodium Glutamate)에도 나트륨이 구성성분으로 포함되어 있다.

2) 미량 무기질

(1) 철

체내 철(iron, Fe)의 약 70%는 적혈구의 혈색소인 헤모글로빈 중에 존재한다. 혈액 중의 헤모글로빈은 폐로부터 운반되어 온 산소와 결합하여 순환하다가 조직에 산소를

표 2-13 **철 주요 급원식품(1회 분량 당 함량)**

	1회 분량(g)	함량(mg)
돼지 부산물(간)	45	8.06
순대	100	7.10
굴	80	6.98
시리얼	30	3.59
만두	100	3.10
소 부산물(간)	45	2.94
보리	90	2.16
찹쌀	90	1.98
시금치	70	1.91
멸치	15	1.80
샌드위치/햄버거/피자	150	1.64
대두	20	1.54
소고기(살코기)	60	1.27
두부	80	1.23
달걀	60	1.08

출처 : 보건복지부·한국영양학회(2020). 2020 한국인 영양소 섭취기준.

내어주고 이산화탄소를 받아 다시 폐로 돌아온다. 철이 결핍되면 철결핍성 빈혈이 나타나며, 이는 전 세계적으로 가장 흔한 영양결핍증 중의 하나이다.

19~49세 성인 남성의 1일 철 권장섭취량은 10mg이다. 20~40대 가임기 여성의 권장섭취량은 14mg으로 같은 연령대의 남성에 비해 더 높은데, 이는 월경혈로 인한 철손실이 크기 때문이다. 철은 다양한 식물성 식품과 동물성 식품에 존재하며 동물성 식품 중의 철 흡수율이 식물성 식품에 비해 높다 표 2-13 . 철 흡수율은 다른 식사요인에 의해 영향을 받는데, 예를 들어 비타민 C 및 동물성 단백질 식품 등은 철의 흡수를 증진시키지만 피틴산, 옥살산 등의 식물성 식품 성분, 차의 탄닌, 다른 무기질 등은 철의 장내 흡수를 방해하는 인자이다.

(2) 아연

아연(zinc, Zn)은 생체 내 100가지 이상의 효소 활성에 필수적이다. 아연은 모든 세포에서 중요한 역할을 하고, 특히 피부, 췌장, 남성의 생식기에서 대사, 기능, 유지 등에 중요한 역할을 하며 면역기능에도 관여한다.

아연이 결핍되면 성장발육 부진, 상처치유 장애, 미각과 후각의 기능 저하, 간비대, 생식기능 저하 및 빈혈 등이 나타난다. 아연의 1일 권장섭취량은 19~49세 성인 남자의 경우 10mg, 성인 여자의 경우 8mg이다. 아연의 급원식품으로는 쇠고기를 비롯한 육류와 굴, 게, 새우 등의 어패류, 간, 견과류 등이 있다.

(3) 구리

구리(copper, Cu)는 체내에서 철이 헤모글로빈 합성에 이용되는 과정에 관여한다. 따라서 구리가 결핍되면 철이 헤모글로빈 합성에 제대로 이용되지 못하여 빈혈 증세가 나타나는데, 이 경우에는 철을 아무리 보충해 주어도 증세가 호전되지 않고 구리를 같이 보충해 주어야만 증세가 사라진다. 구리의 1일 권장섭취량은 19~49세 성인 남자에서는 850μg, 성인 여자에서는 650μg이다. 구리의 급원식품은 어패류, 견과류, 두류, 곡류 배아, 간, 내장육 등이다.

(4) 요오드

체내에 존재하는 요오드(iodine, I)의 70~80%가 갑상선에서 발견되고 있다. 요오드는 갑상선에서 분비되는 티록신(thyroxine)이란 호르몬의 구성요소이며, 티록신은 체내에서 기초대사율을 조절하는 데 관여한다.

요오드가 부족한 경우 티록신의 합성이 잘 이루어지지 않으므로, 신체는 이를 보상하기 위해 갑상선 조직을 더욱 확대시킴으로써 갑상선비대증(갑상선종)이 나타난다 그림 2-14. 임신 시 요오드가 결핍되면 사산, 기형아 출산의 확률이 높아지며, 출산 후 자녀는 왜소증, 정신박약, 귀머거리, 벙어리증을 보이게 되는 크레틴병에 걸리게 된다. 요오드의 1일 권장섭취량은 19~49세 성인 남녀 모두 150μg이다. 자연계에 존재하는 요오드는 주로 바닷물과 토양 중에 다량 존재하고 있으며, 요오드가 풍부한 바다와 토양에서 자란 식물은 그렇지 못한 토양에서 자란 식물에 비해 요오드 함량이 더 높다. 미역, 김 등의 해조류는 요오드의 대표적인 급원식품이다.

요오드 함유식품

그림 2-14 요오드 결핍증(갑상선종)

(5) 불소

불소(fluoride, F)의 95% 정도는 뼈와 치아에 존재하며 충치 발생을 억제한다. 불소를 음료수에 1ppm 정도 첨가하면 충치 발생률이 50% 이상 감소된다고 한다. 불소가 부족하면 쉽게 충치가 발생하고 노인이나 폐경기 여성에서는 골다공증의 위험이 높아진다. 그러나 불소가 너무 과잉으로 함유된 음료수를 마시는 지역에서는 치아에 반점이 생기거나 치아구조가 약해지는 불소증이 생긴다. 불소의 1일 충분섭취량은 19~49세 성인 남성에서는 3.4mg이며, 여성에서 19~29세 연령대의 경우 2.8mg, 30~49세 연령대에서는 2.7mg이다. 불소는 불소가 첨가된 음료수, 해조류, 생선류, 녹차 등에 함유되어 있다.

PART 2
질환별
영양관리

CHAPTER 3
소화기계 질환

소화기계는 입에서부터 시작하여 인두, 식도, 위, 소장, 대장에 이르는 관 구조로 이루어지며, 식품으로부터 섭취한 영양소를 우리 몸으로 받아들이는 기능을 담당한다. 이러한 기능은 인간의 생명과 건강을 유지할 수 있는 기초가 되며, 소화기계의 질환이 발생한 부분의 문제뿐 아니라, 영양소의 소화 · 흡수 불량으로 인하여 몸 전체의 건강을 악화시킬 수 있다. 본 장에서는 주요 소화기계 질환인 위염, 위궤양, 췌장염, 장염, 설사, 변비의 원인과 증상, 식사요법에 대하여 이해하자.

소화기계 질환

1. 소화기계의 구조와 기능

소화기계는 입 → 식도 → 위 → 소장 → 대장 → 항문에 이르는 일련의 기관과 소화 효소, 소화액을 만드는 타액선, 간, 담낭, 췌장 등의 부속기관으로 구성된다 그림 3-1. 음식이 입으로 들어오면 치아의 씹는 작용으로 음식을 잘게 부수고 타액선에서 분비 된 침과 뒤섞이면서 소화가 잘 될 수 있도록 음식물의 덩어리가 부드럽게 만들어진다. 입의 음식물은 식도를 통해 위로 이동한다. 위는 소화관 중에서 가장 큰 부분으로 소 화효소인 펩신 및 염산과 내적 인자 등을 분비한다. 췌장은 위와 십이지장 사이의 뒤 쪽에 위치하고 아밀라제, 리파제, 트립신과 같은 3대 영양소의 소화효소를 다량 함유 하고 있는 췌장액을 분비하여 소화에 매우 중요한 역할을 한다.

위와 연결된 소장은 7m 정도의 길이에 십이지장, 공장, 회장의 세 부위로 구성되어 있으며, 소장 내막은 수많은 주름과 융모가 있어 음식물과의 접촉면을 넓혀 소화·흡 수를 돕는다. 소장은 소장액을 분비하고, 5~6시간 정도면 섭취한 음식물을 거의 소 화·흡수시킨 후 남은 잔여물을 대장으로 이동시킨다. 소장액은 이당류의 분해효소인 말타제, 수크라제, 락타제와 단백질을 아미노산으로 분해하는 펩티다제, 지방을 분해 하는 리파제 등 여러 가지 효소를 함유하고 있다.

대장은 소장의 회장에 연결된 맹장으로부터 결장, 직장의 세 부위로 되어 있다. 1.5~2m 정도의 길이에 굵기는 소장의 2배 정도이며, 결장은 상행, 횡행, 하행, S상 결

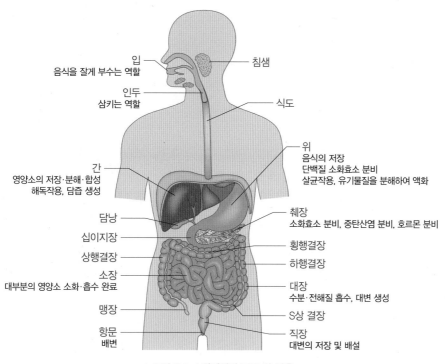

그림 3-1 소화기계의 구조 및 작용

장으로 나누어지고 이어서 직장에서 항문으로 연결된다. 소장에서 넘어온 장 내용물 중 탄수화물은 대장에 있는 세균에 의해 발효되고 단백질과 지방은 부패되어 대변 특유의 냄새가 난다. 대장에서는 주로 수분과 소량의 염류 및 포도당이 흡수되고 소화·흡수되지 않은 음식물 찌꺼기, 탈락된 장점막 상피세포, 장내 세균 등으로 이루어진 분괴가 형성되어 배변된다.

2. 위장 및 췌장질환

1) 위염

(1) 급성위염

원인 및 증상

급성위염은 갑자기 발생하는 위장 점막의 염증성 질환으로 소화기 질환 중 가장 흔하게 발생한다 **그림 3-2** . 과식, 과음이나 자극성이 강한 식품, 매우 뜨겁거나 차가운 음식, 소화가 잘 되지 않는 식이섬유 등을 다량 섭취했을 때 일어날 수 있다. 위장 점막에 충혈, 부종 등이 일어나 심한 위통을 느끼거나 구토를 하는 증상이 나타난다.

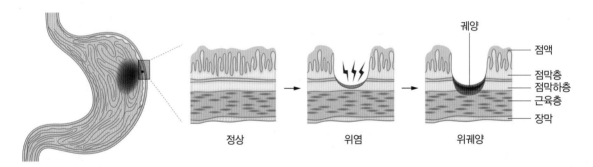

그림 3-2 위염 및 위궤양 발병

식사요법

• 증상이 심할 때는 1~2일 정도 수분만 섭취하면서 절식한다 **그림 3-3** .

• 음식 섭취를 금한 후 보리차, 자극적이지 않은 과일주스, 끓여서 식힌 물, 콩나물국 등을 조금씩 섭취한다.

• 식욕이 회복되면 미음이나 죽 등의 소화되기 쉬운 식품을 섭취하고 증세가 호전됨에 따라 점차적으로 진밥, 일반식사로 옮겨간다.

1~2일은
절식하면서
수분 섭취 → 유동식 → 연식(죽) → 경식(진밥) → 일반식(밥)

그림 3-3 일반치료식의 종류(유동식, 연식, 경식, 일반식)

(2) 만성위염

원인 및 증상

만성위염은 급성위염으로부터 만성화되는 경우도 있지만 일반적으로 위점막의 염증이 장기화된 질환이다. 만성위염에는 위산의 분비 정도에 따라 위산의 분비가 저하된 무산성 또는 저산성 만성위염과 위산의 분비가 과도한 과산성 만성위염이 있다.

무산성 만성위염의 경우 소화가 잘 되지 않으며, 음식물의 살균작용이 불충분하여 설사를 일으키기도 한다. 또한 철의 흡수가 나빠져 빈혈 증상이 나타나기 쉽다. 과산성 만성위염은 위에 염증이 생겨 위산 분비가 항진된 상태로 위궤양과 유사한 증상을 보인다.

식사요법

- 무산성 만성위염
  - 식욕 및 위산 분비를 촉진시키는 음식(예 향신료, 인삼차, 고기국물, 멸치국물, 고등어, 유자차, 레몬차, 홍차, 토마토주스, 요구르트)을 섭취한다.
  - 식사는 탄수화물 급원으로 주로 하고 발효를 방지하기 위해 식이섬유가 적은 것으로 한다.
  - 지방은 위내 정체 시간이 길기 때문에 제한한다.
  - 단백질은 소화가 잘 안 되므로 적당량을 공급하고 고깃국, 부드러운 고기, 흰살 생선, 달걀, 두부 등을 공급한다.
  - 철이 많은 식품(예 소간, 달걀노른자, 쇠고기, 굴, 부추, 쑥갓, 근대)을 보충한다.

- 과산성 만성위염
  - 위산 분비를 촉진하는 식사(무산성 만성위염 식사요법)를 피한다.
  - 위점막에 물리적·화학적·온열적 자극을 주는 음식을 피한다.
  - 식사는 천천히 규칙적으로 한다.

2) 위궤양

(1) 원인 및 증상

위궤양은 위점막 조직이 손상을 입어 일어난다 그림 3-2. 위에서 분비되는 염산과 펩신 등은 강한 단백질 분해작용을 가지고 있어 단백질 식품을 소화시키는 작용을 한다. 위벽 내부는 점막으로 둘러싸여 있어 염산과 소화효소의 작용으로부터 보호받는데, 이러한 보호작용이 감염이나 외상, 정신적 스트레스, 식사요인 등에 의해 약해지면 위벽 자체가 소화작용으로 손상을 받고 궤양을 일으킨다. 식사요인으로는 단백질의 결핍, 자극성이 강한 식품을 섭취하는 식습관, 과음 등이 있다. 헬리코박터파이로리균의 감염, 잘못된 약물의 복용이나 지나친 흡연 등도 궤양 발생의 원인이 된다.

위궤양의 증상으로는 트림이 자주 나오고 식후 1~3시간 정도가 경과하면 상복부에 통증이 나타나는데, 공복 시나 밤에는 바늘로 찌르는 것과 같은 통증을 느낀다. 만성화되면 복부팽만감, 체중 감소, 위 내부 출혈로 인한 빈혈, 메스꺼움과 구토가 나타난다.

(2) 식사요법

위궤양은 심신의 안정과 함께 약물치료와 적절한 식사요법이 중요하다. 식사요법의 목적은 위산의 중화와 위산분비 억제, 소화가 잘되고 자극성이 없는 식사에 의한 영양보충 등이다.

- 위에 자극성이 없는 식품을 선택한다
  - 식이섬유가 많은 채소, 과일 등은 위를 자극하므로 부드러운 식품을 선택한다.

- 고추, 겨자, 카레, 식초 등 위벽을 자극하는 향신료를 사용하지 않는다.
- 귤, 레몬, 샐러드드레싱, 초간장, 피클 등 산미가 강한 식품은 피한다.
- 커피, 코코아, 녹차, 홍차, 콜라 등 카페인이 함유되어 있는 식품을 피한다.
- 콜라, 사이다 등의 탄산음료를 피한다.
- 부추, 파, 양파, 마늘, 생강 등 향이 강하고 자극적인 채소를 피한다.
- 말린 채소, 건어, 육포, 말린 과일 등 딱딱한 음식은 피한다.
- 술을 마시지 않는다.

• 위에 자극을 주는 조리법을 피한다
- 튀기기, 볶기 등 기름을 많이 사용하는 조리법을 피한다.
- 찌기, 데치기, 끓이기, 삶기 등의 부드러운 조리법을 선택한다.

• 궤양의 상처에 보호작용을 하는 식품과 조리법을 선택한다
- 양질의 단백질과 무기질, 비타민 함량이 높은 식사를 한다.

3) 췌장염

(1) 원인 및 증상

췌장은 십이지장 뒷편에 위치한다 **그림 3-4**. 췌장염은 급성과 만성으로 구분되는데 급성 췌장염은 담석증과 알코올의 과잉 섭취가 주원인이다. 급성 췌장염 증상은 지방이 많은 식사를 섭취한 경우나 음주 후에 갑자기 상복부에 심한 통증이 일어나면서 1~3일간 지속되고 구토, 오심, 냉한과 발열을 수반하며 얼굴이 창백해진다.

급성 췌장염이 회복되지 않고 만성적으로 이행되는 경우도 있으며, 췌장 조직이 섬유성으로 변하여 만성 췌장염이 나타나기도 한다. 췌장액 분비 저하로 인해 지방 섭취 시 소화되지 않고 변으로 배설되는 지방변증을 일으키고, 췌장 내분비 세포의 장애로 내당능이 저하되어 당뇨병과 같은 합병증을 일으키는 경우도 있다. 증상으로 식욕부진, 오심, 구토, 체중 감소, 상복부의 동통, 복부팽만, 지방변 설사, 변비가 있다.

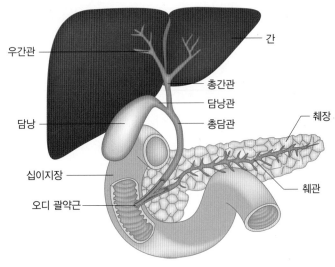

그림 3-4 간, 담낭, 췌장의 위치

(2) 식사요법

췌장염의 급성기에는 엄격하게 식사를 금하여 췌장액의 분비를 억제함으로써 췌장을 쉬게 하고 정맥영양법과 함께 수액을 충분히 보급하여 탈수와 쇼크를 막아야 한다.

- 처음에는 절식하면서 수액을 통해 영양소를 공급한다.
- 서서히 묽은 미음과 같은 탄수화물 급원 유동식을 공급하기 시작하고, 췌장 기능이 부족하므로 소량씩 1일 5~6회로 나누어 식사를 제공한다.
- 급성기 초기에는 단백질을 제한하다가 환자의 증상이 호전되면 두부, 흰살생선과 같은 소화가 잘되는 양질의 단백질 식품을 선택하여 충분히 공급한다.
- 지방은 췌장을 더 자극하므로 기름을 사용하지 않는 조리법으로 만든 담백한 음식을 제공한다.
- 지방은 증세가 호전되어도 지속적으로 섭취를 제한하며, 지용성 비타민과 탄수화물 대사에 필요한 비타민 B군을 보충한다.
- 비타민과 무기질의 공급을 위해 소화가 잘되는 채소와 과일을 이용한 수프 종류를 제공한다.

- 완치 후에도 재발 방지를 위해 알코올 제한과 함께 췌장액 분비를 촉진시키는 카페인 및 탄산음료, 향신료 등을 제한한다.
- 규칙적인 식생활과 정신적·육체적 안정을 위한 일상생활을 유지한다.

3. 소장 및 대장질환

1) 장염

(1) 급성장염

원인 및 증상

급성장염에는 이질, 장염비브리오, 살모넬라, 콜레라 등의 세균과 바이러스가 원인이 되는 전염성 장염과 폭음, 폭식, 식중독, 약물이나 알레르기 등이 원인이 되는 비전염성 장염이 있다 `그림 3-5`. 급성장염은 장점막의 염증으로 소화·흡수에 장애가 일어나 심한 설사, 복통, 구토, 발열 등과 전신쇠약 증상을 보인다.

전염성 장염
- 이질
- 장염비브리오
- 살모넬라
- 콜레라

비전염성 장염
- 폭식·폭음
- 식중독
- 약물
- 알레르기

그림 3-5 **급성장염의 원인**

식사요법

- 급성장염 초기 1~2일은 절식한다.
- 설사로 인한 탈수증을 막기 위해 수분을 충분히 공급한다.
- 증세가 호전됨에 따라 유동식, 연식, 경식, 일반식의 순으로 서서히 이행한다.
- 우유나 지방은 설사를 유발하므로 급성기에는 공급하지 않는다.
- 소화가 잘되는 부드러운 무자극식을 공급한다.
- 지나치게 뜨겁거나 차가운 음식, 향신료와 자극적인 음식은 피한다.

(2) 만성장염

원인 및 증상

대부분 급성장염의 치료가 불충분할 때 만성화되지만 처음부터 만성장염으로 발병하는 경우도 있다. 주요 원인은 궤양성 대장염, 직장암, 결핵이나 기생충 등이다. 배변이 불규칙하고 변비와 설사가 되풀이되면서 식욕부진, 복통, 복부팽만감, 흡수장애로 인한 빈혈이 나타난다.

식사요법

- 식사는 규칙적으로 한다.
- 음식을 소량씩 자주 먹고 충분히 씹는다.
- 양질의 단백질과 비타민, 무기질을 충분히 공급한다.
- 지방은 유화지방인 우유, 달걀, 버터 등으로 공급한다.
- 소화가 잘되고 자극성이 적은 음식을 공급한다.
- 장에 기계적·화학적 자극, 온도의 자극을 피한다.
- 가능한 한 가열조리방법을 이용한다.

2) 설사

(1) 급성설사
원인 및 증상

정상 성인의 하루 배변량은 약 70~80%의 수분을 함유한 150g 정도이다 **그림 3-6**. 그러나 대장의 운동이 지나치게 항진되어 장의 내용물이 소장을 빨리 통과하거나 대장 벽에서 수분을 흡수하는 능력이 부족하면 수분이 비정상적으로 많이 포함된 대변을 배설하게 된다. 이러한 상태로 배변횟수가 증가하여 24~48시간 동안 계속되는 설사를 급성설사라 한다. 이질, 콜레라, 세균성 식중독, 바이러스성 및 진균성 설사 등의 감염성 설사와 중금속 및 약물에 의한 중독성, 과식, 방사선 조사, 알레르기성 및 신경성 설사 등의 비감염성 설사가 있다.

급성설사의 증상은 갑자기 나타나고 심한 경우 탈수와 전해질 손실로 인해 위험한 상태에 빠질 수 있다. 계속적인 설사로 탈력감, 권태감, 복통, 복부팽만감, 식욕감퇴, 불안, 두통 등의 증상이 나타난다.

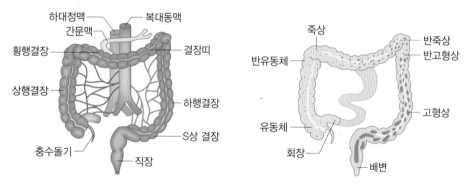

그림 3-6 대장의 구조와 장 내용물의 이동

식사요법

• 우선적으로 절식을 한다.
• 원인에 따른 적절한 치료와 병행한다. 감염성 설사인 경우 항생제 등의 약물치료를

하고 비감염성 설사인 경우에는 원인을 제거한다.

- 증상의 회복에 따라 유동식, 연식, 경식, 일반식으로 이행한다.

(2) 만성설사

원인 및 증상

수개월 이상 계속되는 설사로 1일 배변횟수는 적고 설사와 변비가 반복되는 증상을 보인다. 만성설사의 원인은 주로 위장, 소장, 대장, 췌장, 간과 같은 다른 소화기관의 장애로 인한 경우가 많다. 만성설사는 장기간의 영양소 흡수불량을 초래하여 전해질, 무기질, 단백질의 손실이 심하며 식욕부진을 초래한다.

식사요법

- 일반적으로 급성설사의 식사요법에 준한다.
- 영양 공급이 필요하므로 소화가 잘되는 식품과 조리법을 선택하여 열량, 단백질, 무기질, 비타민 등을 충분히 섭취한다.
- 다량의 수분과 나트륨, 칼륨 등이 손실되므로 수분과 전해질을 비경구적으로 공급한다.
- 자극성 식품과 장운동을 심하게 항진시키는 식이섬유를 피하고 향신료, 알코올이나 찬 음료 등은 제한한다.

(3) 소화불량성 설사

원인 및 증상

소화불량성 설사는 크게 발효성 설사와 부패성 설사로 분류된다. 발효성 설사는 과식, 과음, 난소화성 다당류의 지나친 섭취, 불충분한 저작과 소화액 감소 등이 원인으로 주로 탄수화물의 소화·흡수장애에 의해 일어난다. 소화되지 못한 탄수화물이 대장 내 세균에 의해 발효가 일어나 가스가 발생하여 장점막을 자극하면서 설사가 일어나며 배설된 분변은 황갈색을 띤다. 부패성 설사는 단백질의 소화·흡수장애로 나타나며 단백질이 장내 세균에 의해 부패되어 악취가 심하게 나는 대변을 배설한다.

식사요법

- 발효성 설사

  - 식사 내 발효작용이 있는 탄수화물을 제한한다.
  - 식이섬유가 많은 식품을 제한하여 장내 세균의 번식과 장의 자극을 피한다.

- 부패성 설사

  - 우유를 비롯한 단백질 식품을 제한한다.
  - 설사가 호전됨에 따라 음식의 섭취량을 서서히 증가시킨다.

3) 변비

변비란 대변이 대장 안에 보통시간 이상 머물러 있고 만족스럽게 배변이 되지 않아 불편감을 주는 것을 말한다. 하루에 1~2회 배변을 해도 변량이 적고 대부분이 장내에 남아 식욕감퇴, 복부팽만, 두통 등을 수반한 불쾌감을 주면 변비라 할 수 있고, 2~3일에 1회씩 배변을 한다 해도 아무런 불쾌감이 없으면 변비에 속하지 않는다. 변비에는 이완성 변비와 경련성 변비가 있다 그림 3-7 .

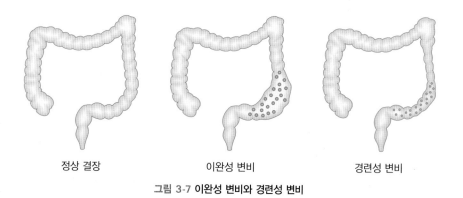

정상 결장   이완성 변비   경련성 변비

그림 3-7 이완성 변비와 경련성 변비

(1) 이완성 변비

원인 및 증상

대장의 연동운동이 저하되어 장 내용물이 오랫동안 머물러 분괴의 통과가 늦어져 나타난다. 이완성 변비는 시간적인 제약으로 변의를 억지로 참는 경우, 신진대사 과정이 느리고 운동이 부족한 노인이나 장기간의 입원환자, 비만인, 고열환자, 임신부의 경우에 나타날 수 있다. 증상으로는 식욕부진, 현기증, 두통, 구토, 복부팽만감, 신경과민, 피로감, 불면, 하복부 통증과 불쾌감 등이 있다.

식사요법

- 이완성 변비의 예방과 치료를 위해서는 무엇보다 규칙적인 식사와 배변습관이 중요하다.
- 장의 연동운동을 촉진시키는 식품을 선택한다.
- 장점막을 자극하여 장의 연동운동을 도와 변비에 효과적인 식품(예 식이섬유, 펙틴, 당분, 유기산 등이 많은 과일, 우유에 함유된 유당과 요구르트 등)을 선택한다.
- 식이섬유는 대장 안의 세균에 의해 분해되어 단쇄지방산을 만들어 장벽을 자극시키는 작용을 한다. 또한 식이섬유는 보수성이 강하여 대변량을 늘리고 부드럽게 하기 때문에 현미나 도정하지 않은 전곡과 채소를 많이 섭취하는 것이 좋다.
- 과일과 채소는 생것으로 이용한다.
- 수분은 수용성 식이섬유의 물 흡수를 도와 대변의 용적을 늘리고 대변을 부드럽게 하므로 하루 1,500mL 이상 충분히 섭취한다.

(2) 경련성 변비

원인 및 증상

경련성 변비는 대장이 과민한 상태로 경련성 수축을 일으켜 분괴의 통과가 어려워 배변에 지장을 주는 상태이다. 장기간의 긴장이나 스트레스, 알코올의 과음, 지나친 흡연, 불면, 과로, 수분섭취 부족, 장염환자, 거친 음식의 섭취, 감정의 불안정, 장기간의 항생제 치료 등이 원인이 된다. 또한 탄닌이나 카페인이 많은 음료를 섭취할 경우에도 발생할 수 있다. 증상으로는 복통, 복부팽만, 경련, 체중부족 등이 있으며, 변에 점액이 섞이기도 하고 가늘거나 염소분처럼 조그맣게 굳은 변의 형태로 설사와 변비가 번갈아 일어나기도 한다.

식사요법

- 장벽을 예민하게 하는 원인을 제거하고 대장의 과도한 연동운동을 가능한 감소시키도록 기계적 자극이 적은 식품을 선택한다.
- 식이섬유 섭취를 제한한다.
- 지방은 유화지방으로 주고 음식의 온도는 체온과 비슷하게 하며 담백한 맛으로 한다.
- 양질의 단백질과 지방을 함유한 식품을 선택하고, 소화가 잘되고 식이섬유가 적은 후식이나 영양간식으로 보충한다.
- 장을 자극하는 찬 음식과 탄산음료, 카페인, 알코올, 유당이나 소르비톨과 같이 흡수되지 않는 탄수화물을 제한한다.

변비에는 무조건 식이섬유를 많이 섭취하면 되나요?

변비에는 대장의 연동운동이 저하된 이완성 변비와 반대로 장이 과민하게 수축되어 있는 경련성 변비가 있다. 이완성 변비의 경우 충분한 식이섬유와 수분의 섭취가 변비의 치료에 도움을 줄 수 있으나 경련성 변비의 경우에는 오히려 식이섬유의 섭취를 줄이고 소화가 잘되는 부드러운 음식을 섭취하는 것이 좋다.

궁금해요

위궤양

1,977kcal

Point
1. 소화가 잘되고 자극성이 없는 식품을 선택한다.
2. 딱딱한 음식은 피한다.
3. 찌기, 데치기, 끓이기 등의 부드러운 조리법을 선택한다.

공나물미나리무침

백김치

아침
483kcal

달걀찜

쌀밥

두부된장찌개

우유

간식
171kcal

바나나

무나물

도토리묵무침

점심
762kcal

나박김치

닭찜

강낭콩밥

북엇국

김무침

감자조림

저녁
501kcal

동치미

연두부

쌀밥

김칫국

출처 : 승정자 외(2005). 칼로리핸드북.

이완성 변비

1,914kcal

Point
1. 장의 연동운동을 촉진시키는 고식이섬유 식품을 사용한다.
2. 과일과 채소는 생것으로 이용한다.

미역초무침　　　　양상추샐러드

배추김치

아침
582kcal

녹두전

콩밥　　　　동탯국

우유

간식
180kcal

사과

숙주나물　　　　오이생채

나박김치

점심
650kcal

돼지고기김치볶음

보리밥　　　　감잣국

느타리버섯볶음　　　　상추겉절이

배추김치

저녁
502kcal

북어양념구이

현미밥　　　　시금치된장국

출처 : 승정자 외(2005). 칼로리핸드북.

경련성 변비

1,927kcal

Point 1. 장의 연동운동을 줄이기 위해 소화하기 쉬운 식품을 선택한다.
2. 식품 중 식이섬유의 섭취를 제한한다.

탕평채

파래무침

나박김치

아침
432kcal

가자미구이

쌀밥

조갯국

호상요구르트

간식
252kcal

웨하스

콩나물무침

감자전

나박김치

점심
714kcal

달걀말이

쌀밥

곰탕

감자채볶음

병어조림

동치미

저녁
529kcal

꼬막찜

쌀밥

무새우젓국

출처 : 승정자 외(2005). 칼로리핸드북.

CHAPTER 4
간 및 담낭질환

간은 우리 인체의 커다란 화학공장이라 불리며, 영양소의 대사 및 저장, 담즙의
생성, 해독 등의 다양한 기능을 하는 주요 장기이다. 담낭은 담즙의 농축, 저장,
분비의 기능을 담당한다. 우리나라 남성의 경우 간경화, 알코올성 간장애,
간암 등 간질환으로 인한 사망률은 암, 심장질환, 뇌혈관질환, 폐렴, 자살에
이어 6위를 차지하고 있다. 본 장에서는 간 및 담낭질환의 종류별 원인, 증상,
식사요법에 대하여 이해하자.

간 및 담낭질환

1. 간 및 담낭의 구조와 기능

1) 간 및 담낭의 구조

간은 2개의 엽으로 이루어진 원뿔 모양의 적갈색 기관으로, 체중의 2.5~3%에 해당하는 1.2~1.5kg 정도로 오른쪽 상복부에 위치한다. 담낭은 우측 상복부 간의 아래에 작은 배 모양의 주머니로 위치하고, 간에서 합성한 담즙을 농축하여 저장한다.

2) 간 및 담낭의 기능

(1) 간의 기능

간은 영양소의 합성, 분해, 저장, 운반, 혈장 삼투압 조절, 혈액응고 인자 생산, 해독 및 면역작용, 담즙 생산, 요소 생산 등의 소화·흡수 및 배설 기능을 한다 **그림 4-1**. 이와 같이 간은 여러 영양소 및 화학물질 대사와 체세포 기능 유지에 중요한 역할을 하기 때문에 우리 몸에서 거대한 화학공장에 비유된다.

(2) 담낭의 기능

간에서 생성된 담즙은 희석된 상태로 담낭으로 들어가 농축·저장되었다가 식후 십이

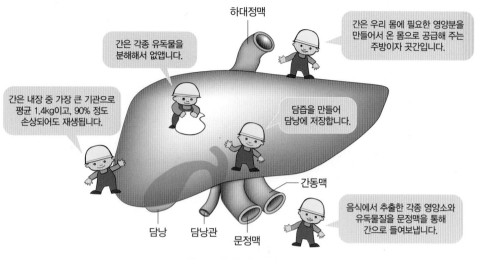

하대정맥

간은 각종 유독물을 분해해서 없앱니다.

간은 우리 몸에 필요한 영양분을 만들어서 온 몸으로 공급해 주는 주방이자 곳간입니다.

간은 내장 중 가장 큰 기관으로 평균 1.4kg이고, 90% 정도 손상되어도 재생됩니다.

담즙을 만들어 담낭에 저장합니다.

간동맥

음식에서 추출한 각종 영양소와 유독물질을 문정맥을 통해 간으로 들여보냅니다.

담낭　담낭관　문정맥

그림 4-1 간 및 담도계의 구조

지장으로 분비되어 지방의 소화를 돕고 난 후 다시 간으로 돌아가고 일부는 대변으로 배설된다. 담즙의 성분은 대부분 물이며, 담즙산, 빌리루빈, 콜레스테롤, 레시틴, 염류 등으로 구성된다. 담즙은 소화관에서 소화효소와 지방이 잘 섞이도록 하여 지방의 소화를 돕는다. 또한 지용성 비타민의 흡수를 돕고 대변이 부드럽게 나오게 하는 하제 역할을 한다.

2. 비알코올 간질환

비알코올 간질환은 알코올을 섭취하지 않는 환자에서 알코올성 간 손상과 유사한 간 조직 손상 및 간 기능 장애가 초래된 경우를 말한다. 비알코올 지방간질환에는 비알코올 지방간, 비알코올 지방간염, 비알코올 지방간연관 간경변증 등이 있다.

1) 지방간

(1) 원인 및 증상

간의 정상적인 지방 함량은 간 100g당 5g 정도인데, 지방이 5% 이상 초과되는 경우를 지방간(fatty liver)이라고 하며 대부분 중성지방이 축적된다. 보통 지방간 자체는 해롭지 않지만 치유되지 않으면 간 손상이 심해질 수 있다 **그림 4-2**. 지방간은 지방 단독의 과잉 섭취로 발생하는 것이 아니라 비만, 콰시오커(kwashiorkor), 과음, 당뇨병, 이상지질혈증 등이 주요 원인이다. 지방간 환자는 대부분 증상이 없는 경우가 많고 가끔 피로감, 우측 상복부 불쾌감 등의 증상을 보인다.

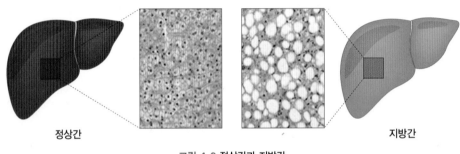

정상간   지방간

그림 4-2 정상간과 지방간

(2) 식사요법

식사요법의 목표는 축적된 중성지방을 감소시키고 간기능을 정상화하는 것이다. 지방간의 원인질환이 있는 경우에는 이에 대한 우선적인 치료가 필요하다.

• **열량** 비만에 의한 단순 지방간의 경우 섭취 열량을 줄여 체중조절을 한다. 과체중이나 비만의 경우 체중의 10% 이상을 감량하면 지방간의 개선효과를 볼 수 있다.
• **단백질** 일반적으로 단백질 권장량을 충족시키도록 하며 지방간의 원인이 영양불량인 경우에는 양질의 단백질 식품을 충분히 공급한다.
• **탄수화물** 탄수화물의 과잉 섭취는 중성지방의 생성을 증가시키므로 하루 총 섭취

열량의 60%를 넘지 않도록 하며 단순당의 섭취를 제한한다. 당류가 많은 음료수 대신 물을 마신다.

- **지방** 총 열량의 20~25% 정도로 구성하며, 이상지질혈증이 있는 경우에는 포화지방산 및 콜레스테롤 섭취를 제한한다.
- **비타민** 일상 식사를 통해 충분히 공급하고 지방간의 악화를 막아주는 베타-카로틴이 함유된 녹황색 채소를 섭취한다.
- **항지방간성 인자** 콜린, 메티오닌, 레시틴, 셀레늄, 비타민 E 등을 보충한다.

2) 간염

(1) 원인 및 증상

간염(hepatitis)은 간의 염증성 질환으로 바이러스, 약물의 과량 또는 만성적 복용, 독성물질 등의 원인으로 발생한다 표 4-1 . 간염의 증상으로는 초기에 피로, 관절 및 근육통, 식욕부진, 불안, 허약감, 메스꺼움, 구토, 설사, 변비, 두통, 발열이 나타나며,

표 4-1 급성바이러스 간염의 종류와 특징

종류	감염경로	특징
A형	경구 감염 (오염된 물이나 음식 섭취)	• 급성간염을 일으키며, 만성화되지 않음
B형	비경구 감염 (혈액, 체액 등)	• 급성간염과 만성간염을 모두 일으킬 수 있으며, 급성간염이 발병한 이후에 B형 간염 표면항원이 6개월 이상 지속적으로 검출되면 만성간염으로 이행
C형	비경구 감염 (혈액, 체액 등)	• 급성간염은 대부분 증상이 없는 불현증 감염으로 인지되지 않는 경우가 많고, 급성 C형 간염의 50~80%가 만성간염으로 이행
D형	비경구 감염 (B형 간염이나 바이러스에 의존적)	• B형 간염 바이러스와 동시에 감염되거나 이미 B형 간염 바이러스가 있는 경우 이차적으로 중복 감염 • 동시 감염의 경우에는 대부분 자연치유되나 중복 감염의 경우 중한 급성 경과를 보여 B형 간염의 악화 야기
E형	경구 감염 (오염된 물이나 음식물 섭취)	• 만성화되는 일은 드물고 급성이 흔함

출처 : 대한간학회(2013), 한국인 간질환 백서.

좀 더 진행되면 간에서 대사되지 못한 담즙 색소가 피부 및 점막 등에 축적되어 황달이 나타나고 심한 경우 간성혼수로 진행된다.

(2) 식사요법

간염이 발생하면 원인에 관계없이 동일한 방법으로 치료하며 안정과 식사요법이 주된 치료이다. 식사요법의 목표는 손상된 간세포의 재생과 간조직의 정상기능 유지, 체중 감소 최소화, 간성혼수 예방, 탈수 방지를 위한 전해질 균형 등이다.

- 급성간염 절대 안정을 취하면서 식욕부진으로 식사가 불충분하면 경관 또는 정맥으로 영양 공급을 해주며 증세 호전에 따라 유동식, 연식, 일반식으로 이행한다. 정상 체중을 위해 소화되기 쉬운 음식으로 소량씩 자주 섭취하면서 열량과 단백질을 공급한다.
- 만성간염 고영양식을 원칙으로 하되 열량이 과잉 섭취되면 비만과 지방간의 우려가 있으므로 주의해야 하고, 간성혼수가 있을 때는 저단백식, 복수 시에는 저염식을 병행한다.

알아가기 +

황달(jaundice)

1. 정의
혈액 중 빌리루빈 양이 상승하여 피부 및 점막 내 담즙의 축적으로 피부가 황색을 띠는 것을 말한다.

2. 분류
- 간성 황달(hepatitis jaundice) : 간세포의 기능부전으로 담즙을 생성하지 못하는 경우
- 폐쇄성 황달(obstructive jaundice) : 담석증으로 담즙의 흐름이 막혀 담즙이 장으로 배설되지 못하는 경우
- 용혈성 황달(hemolytic jaundice) : 용혈로 적혈구가 과잉 파괴되는 경우

3. 증상
눈의 흰자나 피부가 노랗게 변한다. 빌리루빈이 피부에 축적되어 피부 가려움증이 동반된다.

4. 식사요법
황달이 있으면 지방이 소화되기 어려우므로 지방 섭취를 제한하고 적당량의 탄수화물과 양질의 단백질을 공급한다. 장기간 지속될 때는 지용성 비타민의 공급이 필요하다.

- 충분한 열량과 단백질을 섭취한다.
- 적당량의 탄수화물과 지방을 섭취한다.
- 충분한 비타민과 무기질을 섭취한다.
- 식욕이 없고, 복통이 있는 경우 소화되기 쉬운 형태의 조리법을 이용하며, 식사 횟수는 4~5회로 나누어 섭취한다.
- 복수나 부종이 있으면 염분 및 소금을 제한한다.

3) 간경변증

(1) 원인 및 증상

간경변증(hepatocirrhosis)은 간질환 중 가장 심한 상태로, 간세포가 서서히 파괴되고 섬유성 결체조직으로 바뀌어 위축, 경화된 상태이다 **그림 4-3**. 대부분의 간세포는 정상 기능을 하지 못하게 되고 간의 재생이 어려운 질환이다. 주된 원인으로는 만성 B형 간염이 약 70% 정도로 가장 많고, 그 다음은 만성 C형 간염이며 담도폐쇄, 심장병, 독성물질에 노출된 경우 등을 들 수 있다. 초기 증상은 메스꺼움, 구토, 식욕부진, 복부팽창, 상복부 통증 등이며, 질환이 지속되면 문맥 고혈압, 식도정맥류, 황달, 허약감, 부종, 복수, 위장관 출혈, 빈혈이 나타나고 간성혼수에까지 이를 수 있다 **그림 4-4**.

정상간   간경변증 환자의 간

그림 4-3 정상간과 간경변증 환자의 간

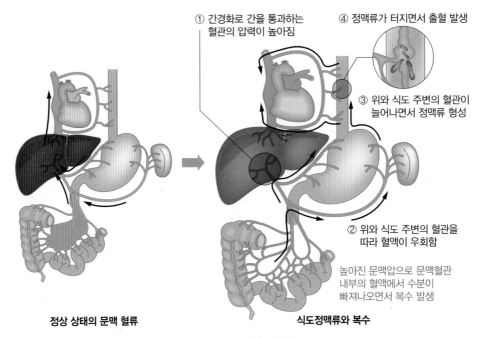

① 간경화로 간을 통과하는
혈관의 압력이 높아짐

④ 정맥류가 터지면서 출혈 발생

③ 위와 식도 주변의 혈관이
늘어나면서 정맥류 형성

② 위와 식도 주변의 혈관을
따라 혈액이 우회함

높아진 문맥압으로 문맥혈관
내부의 혈액에서 수분이
빠져나오면서 복수 발생

정상 상태의 문맥 혈류

식도정맥류와 복수

그림 4-4 식도정맥류와 복수

(2) 식사요법

간경변증 식사요법 목표는 적당한 열량과 영양소를 공급하여 영양결핍을 예방하고, 간조직의 재생을 촉진하고 합병증을 예방·개선하며, 잔여 기능을 최대한 유지 또는 향상시키는 것이다. 일반적인 식사요법 지침은 다음과 같다 표 4-2 .

- 충분한 열량과 탄수화물을 섭취한다.
- 단백질은 적당량을 섭취한다.
- 적당량의 지방을 섭취한다.
- 비타민과 무기질을 충분히 섭취한다.
- 부드럽고 소화가 잘되는 음식을 섭취한다.
- 복수와 부종이 있는 경우에는 염분 및 소금을 제한한다.
- 식도정맥류가 있을 경우 식이섬유가 많고 거칠거나 자극적인 음식은 피한다.

- 한꺼번에 많은 양의 식사는 혈압을 올릴 수 있으므로 소량씩 자주 식사하도록 한다.
- 아침에 식욕이 더 좋으므로 아침식사를 충실히 한다.
- 식욕이 저하되어 고단백, 고열량 식사를 제대로 하기 어려우므로 환자의 상태에 맞춘 식사계획을 세워 실시한다.

표 4-2 간질환의 허용식품과 제한식품

허용식품	제한식품
• 곡류 : 밥, 빵, 국수, 감자 • 우유류 : 우유, 요구르트, 두유 • 기름류 : 버터, 마요네즈, 샐러드유, 강화 마가린 • 어육류 : 흰살생선, 닭가슴살, 달걀흰자, 콩제품 • 당분류 : 설탕, 사탕, 꿀, 잼 • 기타 : 신선한 과일, 채소, 해조류	• 소금을 첨가한 식품 : 햄, 베이컨, 소시지 • 술 • 고지방 어육류 : 생선 통조림 • 지방을 많이 함유한 식품

알아가기

간성혼수(hapatic coma)

간성뇌증(hapatic encephalopathy)이라고도 하며 간질환이 진행된 경우에 나타나는 심각한 합병증이다. 간은 단백질의 대사산물인 암모니아를 무독화하여 소변으로 배설하는데 간질환으로 간기능이 저하되면 암모니아를 제거하지 못하여 혈액 내 함량이 증가하고 뇌에도 손상을 초래하여 혼수를 일으킨다.

식사요법

1. 단백질 : 암모니아는 단백질의 대사산물이므로 단백질의 섭취를 제한한다.
2. 열량 : 체단백이 열량원으로 이용되는 것을 막기 위해 충분한 열량을 공급한다.
3. 나트륨 및 수분 : 복수가 있을 경우 나트륨과 수분을 제한한다.
4. 식품 선택 : 혈청 암모니아를 높이는 식품과 방향족 아미노산이 많은 식품을 제한하고 분지 아미노산이 많은 식품을 선택한다.
   - 혈청 암모니아 수준을 높이는 식품 : 치즈류, 닭고기, 버터밀크, 젤라틴, 햄버거, 햄, 감자, 양파, 땅콩버터, 살라미소시지
   - 방향족 아미노산 함유식품 : 육류, 동물의 내장, 간, 어패류
   - 분지 아미노산 함유식품 : 쌀밥, 식빵, 우동, 고구마 등의 곡류 음식, 과일, 채소

3. 알코올 섭취와 간질환

1) 알코올의 흡수와 대사

알코올은 소화작용을 거치지 않고 위(20%)와 소장 상부(80%)에서 확산에 의해 흡수된다. 흡수된 알코올은 간에서 알코올 분해효소와 아세트알데하이드 분해효소의 작용을 거쳐 아세트산이 된 후 물과 이산화탄소로 완전히 분해되어 7kcal/g의 열량을 발생시킨다. 간에서 알코올이 대사되면 NADH/NAD$^+$ 비가 증가되어 지방산의 분해가 억제되고 지방 합성이 촉진되어 알코올성 간질환의 첫 단계인 지방간이 초래된다 그림 4-5 .

궁금해요 +

언제 술이 빨리 취할까요?

첫째, 빈속에 술을 먹으면 빨리 취한다. 위에 음식물이 있으면 술이 위를 통과하는 시간이 느려져 취하는 데 시간이 많이 소요되므로 안주를 먹으며 술을 마시거나 술을 마시기 전에 식사를 하는 것이 빈속에 술을 마시는 것보다 덜 취한다. 둘째, 탄산음료를 술과 함께 먹으면 빨리 취한다. 탄산음료는 위장 내용물을 빠르게 소장으로 내려보내기 때문에 소장에서 알코올 흡수가 증가해 술에 빨리 취하게 된다. 또한 체중이 적게 나가는 사람이나 체중이 동일하더라도 체내 지방량이 많은 경우 술에 빨리 취하게 된다.

술을 마시면 왜 얼굴이 붉어질까요?

한국인의 15~16% 정도는 아세트알데하이드 탈수소효소의 유전 변이체가 나타나 효소 활성이 낮다. 이런 사람은 음주 후 혈중 아세트알데하이드 농도가 보통 사람에 비해 20배까지 상승할 수 있기 때문에 안면홍조, 심계항진, 현기증, 오심 등이 나타날 수 있다. 이와 같은 알코올-홍조 반응은 과량의 알코올 섭취를 방지하는 신호로 생각할 수 있다.

2) 알코올성 간질환

알코올성 간질환은 지나친 알코올 섭취로 인해 발생하는 것으로 1단계 알코올성 지방간은 알코올 중독 환자의 80~90%에서 발생하는 가장 흔한 질병이고, 알코올 중독 환자 중 2단계 알코올성 간염, 3단계 알코올성 간경변증으로 진행된다고 한다. 보통 사람이 간에서 알코올을 산화시키는 양은 1시간당 약 15mL로 알코올 도수 17.8°

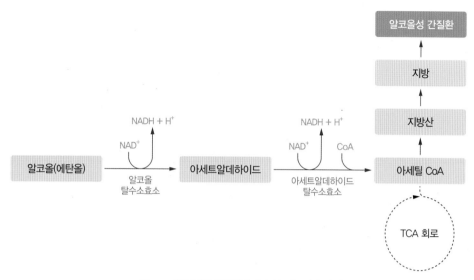

그림 4-5 알코올성 간질환에서의 알코올 대사 과정

인 소주의 경우 약 85mL에 해당한다. 여자는 알코올 분해효소의 활성이 남자보다 낮기 때문에 알코올에 의한 간손상을 더 심하게 받는다. 간경변증이 발생하는 최소 알코올 양은 남자의 경우 하루 40g(소주잔 4잔) 이상, 여자의 경우 20g(소주잔 2잔) 이상이다. 표준잔이란 나라마다 가장 많이 마시는 주종을 기준으로 정의하는데 나라마다 마시는 술의 종류와 술잔의 크기가 다르기 때문에 알코올 양도 다르다. 세계보건기구는 1표준잔의 알코올 양을 순수 알코올 양 10g으로 정의하고 있고, 우리나라 보건복지부에서는 소주, 맥주를 기준으로 순수 알코올 양 7g을 기준으로 하고 있

하루 평균 알코올 섭취량 계산하기

예) 19% 소주 1병(360mL)을 1주일에 평균 3회 마신다면,
술의 양(mL) × 술의 도수(%) × 알코올의 비중(0.7894)으로 계산한 1회 알코올 섭취량에 주간 평균 횟수를 곱한 값을 7로 나눈다.

소주 1병의 알코올 섭취량 : (360mL × 19% × 0.7894) ÷ 100 = 53.995g
하루 평균 알코올 섭취량 : 53.995g × 3회 ÷ 7일 = 약 23g

표 4-3 **주종별 알코올의 양**

주종	술의 도수(%)	1잔(mL)	알코올의 양(g)
소주	17	50	6.7
맥주	4.5	200	7.1
탁주	6	200	9.5
위스키	40	30	9.5
과실주	14	100	11.1
탄산수	5	200	7.9
폭탄주 1	소주 + 맥주	200	12
폭탄주 2	양주 + 맥주	200	15.5

※ 폭탄주 1: 소주 50mL + 맥주 150mL, 폭탄주 2: 양주 30mL + 맥주 170mL

다 표 4-3 . 알코올성 간질환을 예방하기 위해서는 하루에 남자는 2잔, 여자는 1잔 이하로 음주량을 조절하는 것이 바람직하다.

3) 알코올성 간질환의 식사요법

알코올성 간질환 환자는 대부분 영양불량이 나타나고 대사가 항진되어 이화작용이 증가하므로 영양보충을 충분히 하여 손상된 간세포의 기능을 정상화하는 것이 식사요법의 목표이다.

- 알코올 섭취를 금한다.
- 적절한 탄수화물과 지방 및 충분한 단백질을 섭취한다.
- 충분한 비타민과 무기질을 섭취한다.
- 장기간에 걸쳐 영양적으로 균형 있는 식사를 공급한다.
- 신선한 재료를 선택하고 양질의 단백질과 풍부한 비타민을 함유한 식품을 이용한다.
- 소화가 힘들고 자극성이 있는 식품은 제한하고 맛과 식단에 변화를 주어 식욕을

돈군다.

- 환자가 먹고 싶어 하는 음식이 금기식품이 아닌 경우 식단에 자주 넣어 환자의 식욕을 돈군다.
- 조리할 때를 비롯한 모든 상황에서 알코올의 섭취를 금한다.
- 동일 식품일지라도 조리방법에 변화를 준다.

궁금해요 +

숙취(hangover)는 어떻게 해소해야 하나요?

숙취란 술을 마신 사람들이 경험하는 메스꺼움, 구토, 현기증, 갈증, 무기력함, 두통, 근육통 등과 같은 유쾌하지 못한 신체적·정신적 증상 또는 현상을 말한다. 숙취 증상은 술을 마신 뒤 몇 시간 내에 혈중 알코올 농도가 감소되면서 시작되며 24시간까지도 지속될 수 있다.

1. 숙취에 영향을 미치는 요인
- 미처 분해되지 못한 알코올
- 메탄올과 같이 술에 포함된 기타 성분
- 약물
- 흡연
- 개인 특성 및 가족력

2. 숙취의 예방 및 해소방법
- 적당량의 음주
- 약물 복용 시 금주
- 공복 시 금주
- 음주 후 과일, 과일주스, 꿀물, 콩나물국 등 섭취
- 충분한 수분 섭취
- 미지근한 물에 목욕

4. 담낭질환

1) 담석증

담석증(cholelithiasis)은 담즙 성분의 일부가 석출되서 생긴 결석에 의해 발생하는 질병이다 그림 4-6 . 결석의 성분에 따라 콜레스테롤 결석과 빌리루빈 결석으로 분류되며 우리나라에서는 콜레스테롤 결석 발생률이 더 높다. 콜레스테롤 결석은 비만이나 지방을 과잉 섭취하는 사람에게 흔히 발생하고, 빌리루빈 결석은 대장균 감염과 관계가 있다.

증상은 오른쪽 상복부의 심한 통증, 등쪽의 심한 불쾌감, 묵직한 둔통이 있으며 황달이 발생하고 변비, 식욕부진, 위 팽만감, 구역질 등의 위장 증세도 나타난다.

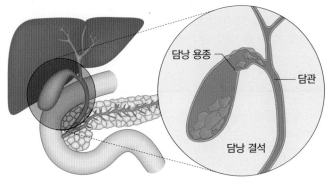

그림 4-6 담석증

2) 담낭염

담낭염(cholecystitis)은 담낭의 염증성 질환으로 90% 이상이 담석증으로 발생하며 감염, 패혈증, 쇼크, 화상, 암 환자에게 발생하기도 한다. 증상은 우측 상복부의 통증, 오한, 발열 등이 있고, 담관에 염증이 생긴 경우에 황달을 동반하는 경우가 많다.

3) 담낭질환의 식사요법

담낭질환의 경우 담낭의 활동 및 자극을 최소화하기 위해 저지방 식사를 하는 것이 중요하다. 열량은 표준체중을 유지하도록 조절하고 탄수화물과 단백질은 정상적인 권장량을 공급한다 표 4-4 .

표 4-4 담낭질환의 허용식품과 제한식품

허용식품	제한식품
• 단백질 식품 : 지방이 적은 쇠고기, 껍질을 제거한 닭고기, 흰살생선, 두부	• 지방 함유 식품 : 튀긴 음식, 중국음식, 뱀장어, 버터, 생선묵
• 당질 식품 : 감자류, 빵, 현미밥	• 콜레스테롤 함유 식품 : 난황, 문어, 오징어, 새우, 낙지
• 식이섬유 식품 : 김, 미역, 채소, 과일, 곡류	• 알코올, 커피

만성간염

2,201kcal

Point
1. 충분한 열량과 단백질을 공급한다.
2. 먹기 쉽고 소화가 잘되는 음식을 선택한다.

고춧잎나물

달걀찜

아침
493kcal

솎음배추겉절이

쇠고기장조림

쌀밥

모시조개시금칫국

우유

간식
205kcal

오렌지

더덕생채

두부조림

점심
779kcal

열무김치

북어찜

콩밥

무새우젓국

고구마순무침

깻잎장아찌

저녁
724kcal

배추김치

해물파전

영양돌솥밥

두부새우젓국

출처 : 승정자 외(2005). 칼로리핸드북.

담낭질환

1,930kcal

Point
1. 담낭의 활동과 자극을 최소화하기 위해 저지방을 공급한다.
2. 콜레스테롤을 함유한 식품을 피하며, 알코올과 커피 등 자극적인 식품도 피한다.

가지나물

마늘종장아찌

부추김치

아침
660kcal

도미조림

보리밥

토란국

저지방우유

간식
180kcal

토마토

감자풋고추조림

파래무생채

오이소박이

점심
687kcal

조기찜

발아현미밥

김칫국

취나물무침

김구이

배추김치

저녁
465kcal

두부조림

검정쌀밥

시금치된장국

출처 : 승정자 외(2005). 칼로리핸드북.

비만과 식사장애

바람직한 체중 유지는 건강의 기본으로, 질병을 예방할 수 있는 가장 중요한 방법이다. 최근에는 비만이 건강에 미치는 부정적인 영향이 알려지면서, 많은 사람들이 체중감량을 시도하고 있다. 그러나 잘못된 영양정보 등에 의해 시행되는 무분별한 체중감량으로 인해 더 많은 부작용이 초래되고 있음에도 이에 대한 주의는 매우 부족한 실정이다. 본 장에서는 정상체중의 중요성 및 체형에 대한 올바른 인식 향상을 위해 비만 및 식사장애의 정의, 원인, 분류, 문제점, 판정, 올바른 관리법에 대해서 이해하자.

비만과 식사장애

1. 비만의 정의

비만이란 단순히 체중이 많이 나가는 것을 의미하는 것이 아니며, 열량 섭취와 소비의 불균형으로 인해 체지방량(body fat)이 과도한 상태로 축적된 것을 말한다 그림 5-1 . 일반적으로 성인 체지방률의 정상치는 남자 8~15%, 여자 13~23%이고, 체지방률이 남자 25% 이상, 여자 32% 이상일 경우 비만(obesity)으로 분류한다.

BEE(basal energy expenditure) : 기초대사량,
DIT(dietary induced thermogenesis) : 식품 이용을 위한 열량 소모량

그림 5-1 열량 균형과 불균형

2. 비만의 원인

비만은 유전적 요인과 함께 잘못된 식사행동, 소비 열량의 저하, 스트레스, 인슐린의

분비 과잉, 식욕조절중추의 장애 등에 의해 일어날 수 있다 **그림 5-2**.

- **유전** 양쪽 부모 모두가 정상 체중인 경우 자녀들이 비만이 될 가능성은 10% 이하, 한쪽 부모가 비만일 경우에는 50%, 양쪽 부모 모두가 비만일 경우에 자녀가 비만이 될 경우는 80% 정도이다.
- **잘못된 식사행동** 비만을 유발하는 잘못된 식사행동으로는 과식, 불규칙한 식사, 빠른 식사속도, 야식과 잦은 간식의 섭취 등이 있다.
- **육체활동의 부족** 육체활동의 부족은 소비 열량을 감소시켜 비만의 위험을 높인다.
- **스트레스** 정신적인 스트레스와 심리적인 불안 등을 음식 섭취를 통해 해결하려고 하면서 과식 또는 폭식을 하는 경우가 많다.
- **인슐린 분비 과잉** 인슐린은 지방의 축적을 촉진하고, 지방 조직에 축적된 지방이 분해되는 것을 억제한다.
- **중추성 요인** 뇌의 시상하부에 있는 섭식중추, 포만중추에 조절장애가 생기면 비만의 원인이 될 수 있다.

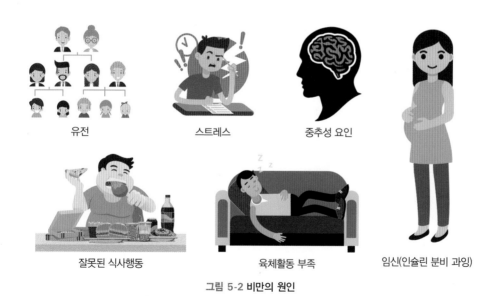

유전　　　스트레스　　　중추성 요인

잘못된 식사행동　　　육체활동 부족　　　임신(인슐린 분비 과잉)

그림 5-2 **비만의 원인**

3. 비만의 분류

비만은 지방조직의 체내 분포상태에 따라 상체비만과 하체비만으로 분류할 수 있다 그림 5-3.

1) 상체비만

남성은 여성에 비해 여분의 지방을 저장하려는 경향이 강하므로 체중이 증가하면 아랫배부터 나오는 경향이 있다. 상체비만, 즉 복부비만은 체내 대사장애를 가져와 심장형 관상동맥질환, 뇌졸중, 고혈압, 당뇨병, 이상지질혈증 등의 발병과 밀접한 관련이 있으며, 체중조절이 비교적 쉬운 특징이 있다.

2) 하체비만

하체비만은 엉덩이와 허벅지에 지방이 많이 분포되어 있으며, 여성에게서 많이 보이

상체비만   하체비만

그림 5-3 상체비만과 하체비만

는 비만이다. 상체비만에 비해 비교적 건강에 미치는 해는 적으나, 하체의 지방세포는 활동성이 낮기 때문에 체중조절이 어려운 특징이 있다.

4. 비만의 문제점

과체중이나 비만은 여러 가지 건강문제를 일으키는 것으로 알려져 있다. 특히 제2형 당뇨병, 이상지질혈증, 고혈압, 관상동맥질환, 암 등과 같은 만성질환의 위험요인이 될 수 있다 표 5-1 , 그림 5-4 .

표 5-1 비만과 관련된 질병의 상대적 위험비(relative risk)

매우 증가됨(3배 초과)	중정도 증가됨(2~3배)	약간 증가됨(1~2배)
• 제2형 당뇨병 • 고혈압 • 수면 무호흡증 • 인슐린 저항성	• 관상동맥성 심장질환 • 담낭질환 • 골관절염(무릎) • 고요산혈증 또는 통풍 • 이상지질혈증	• 일부 암(유방암, 대장암 등) • 생식호르몬 이상 • 다낭성 난소증후군 • 생식능력 손상 • 요통 • 마취 시 위험도 증가 • 태아 기형

출처 : WHO(2000), Obesity : Preventing and managing the global epidemic.

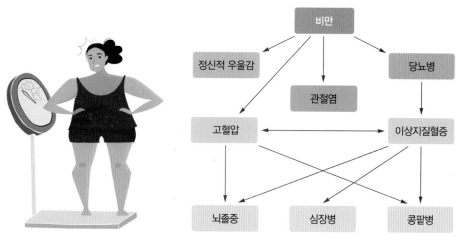

그림 5-4 비만의 여러 가지 문제점

5. 비만의 판정

비만을 판정하는 방법 중 가장 정확한 방법은 직접 체지방 함량을 측정하는 것이며, 신장, 체중, 허리둘레 등 신체계측치를 이용한 비만 판정도 가능하다.

1) 표준체중을 이용한 비만도

각 개인에 맞는 표준체중을 산출한 후 이를 활용하여 비만도를 구함으로써 비만을 판정할 수 있다. 대한당뇨병학회에서 제시한 성인의 표준체중은 표 5-2 와 같다.

> ### 표준체중 구하기
>
> **브로카(Broca)법에 의한 표준체중 산출법**
> 신장 >160cm   표준체중(kg)=[신장(cm)−100]×0.9
> 신장 150~160cm   표준체중(kg)=[신장(cm)−150]×0.5+50
> 신장 <150cm   표준체중(kg)=신장(cm)−100
>
> **체질량지수를 이용한 표준체중 산출법**
> 남자 : 표준체중(kg)=키(m)×키(m)×22
> 여자 : 표준체중(kg)=키(m)×키(m)×21

표준체중을 이용하여 산출한 비만도에 따라 비만을 판정할 수 있다. 비만도는 다음과 같은 공식에 의해 산정하며, 판정기준은 표 5-3 과 같다.

$$비만도(\%) = \frac{실제체중(kg) - 표준체중(kg)}{표준체중(kg)} \times 100$$

2) 체질량지수

체질량지수(Body Mass Index, BMI)는 현재의 신장과 체중을 이용하여 매우 간단히 구할 수 있으며, 체지방 축적 정도를 비교적 정확하게 반영하는 것으로 알려져 있다.

$$체질량지수(BMI) = 체중(kg)/신장(m^2)$$

표 5-2 신장에 따른 남녀 표준체중

신장(cm)	표준체중(kg)		신장(cm)	표준체중(kg)	
	남자	여자		남자	여자
150	49.5	47.0	168	62.0	59.5
151	50.0	48.0	169	63.0	60.0
152	51.0	48.5	170	63.5	60.5
153	51.5	49.0	171	64.5	61.5
154	52.0	50.0	172	65.0	62.0
155	53.0	50.5	173	66.0	63.0
156	53.5	51.0	174	66.5	63.5
157	54.0	52.0	175	67.5	64.5
158	55.0	52.5	176	68.0	65.0
159	55.5	53.0	177	69.0	66.0
160	56.5	54.0	178	69.5	66.5
161	57.0	54.5	179	70.5	67.5
162	57.5	55.0	180	71.5	68.0
163	58.5	56.0	181	72.0	69.0
164	59.0	56.5	182	73.0	69.5
165	60.0	57.0	183	73.5	70.5
166	60.5	58.0	184	74.5	71.0
167	61.5	58.5	185	75.5	72.0

출처 : 대한당뇨병학회(2010). 당뇨병 식품교환표 활용지침(제3판).

표 5-3 비만도를 이용한 비만 판정

분류	비만도(%)
매우 마름	< -20
마름, 저체중	-20~< -10
정상체중	-10~< +10
과체중	+10~< +20
비만	≥ +20

출처 : 이미숙 등(2021). 영양판정(제5판).

체질량지수는 질병의 이환율 및 사망률의 상대 위험도를 나타낸다. 즉, 체질량지수가 높을수록 심혈관질환, 암 발생 위험이 높고 조기사망의 가능성이 높아진다. 대한비만학회에서 제시한 체질량지수에 근거한 비만 판정의 기준은 표 5-4 와 같다.

표 5-4 **체질량지수를 이용한 비만 판정**

분류*	체질량지수(kg/m²)
저체중	<18.5
정상	18.5~22.9
비만전단계	23~24.9
1단계 비만	25~29.9
2단계 비만	30~34.9
3단계 비만	≥35

* 비만전단계는 과체중 또는 위험체중으로, 3단계 비만은 고도비만으로 부를 수 있다.
출처 : 대한비만학회(2018). 비만 진료지침 2018.

3) 허리둘레

허리둘레는 체질량지수보다 질병 발생 위험을 더 잘 반영하며, 특히 복부비만이 있는 경우, 체질량지수와 독립적으로 대사증후군, 제2형 당뇨병, 관상동맥질환 등의 질병 발생 위험이 높아지는 것으로 알려져 있다. 허리둘레는 배꼽을 지나는 배의 둘레를 측정하며, 대한비만학회에서는 허리둘레를 기준으로 남성 90cm 이상, 여성 85cm 이상일 때 복부비만으로 정의하였다. 복부비만은 복부 또는 복강 내에 지방이 과다하게 축적된 경우를 말하며, 질병 발생의 독립적인 위험인자이다.

그림 5-5 **복부비만**

4) 체지방

비만을 판정하는 방법 중 가장 정확한 방법은 직접 체지방 함량을 측정하는 것이지만, 직접적인 체지방 측정은 설비나 비용 면에서 사용하기 어렵기 때문에 간접적인 측정법들이 이용되고 있다. 체지방률 측정치에 따른 비만의 분류는 표 5-5 에 제시하였다. 체지방 측정 시 생체 전기저항분석법을 활용할 수 있는데, 생체 전기저항분석법은 손과 발에 약한 전류를 흘려보낸 다음 되돌아오는 전기저항을 측정함으로써 체지방량을 분석하는 것이다 그림 5-6 .

표 5-5 **성인의 체지방률에 따른 비만 분류**

분류	남자	여자
운동선수	6~13%	14~20%
적정수준(fitness)	14~17%	21~24%
허용수준(acceptable)	18~24%	25~31%
비만(obesity)	≥25%	≥32%

출처 : American Council on Exercise(2021). Percent body fat norms for men and women.

그림 5-6 생체 전기저항분석법

6. 비만의 치료

비만 치료의 가장 바람직한 방법은 식사관리와 적당한 운동, 문제되는 행동을 교정하는 것이다 그림 5-7 .

1) 식사요법

(1) 열량과 영양소

지방조직은 0.45kg당 약 3,500kcal를 포함하고 있으므로 1주일에 약 0.5kg의 체중 감소를 위해서는 1일 500kcal의 열량 감소가 요구된다. 열량을 너무 심하게 제한할 경우 식사요법을 지속하기 어렵고, 열량 이외에 다른 영양소의 결핍과 기초대사량의 감소를 초래할 수 있으므로 최저수준으로 남자의 경우 1,500kcal, 여자의 경우 1,200kcal를 유지하도록 권장한다. 열량 산정은 환자의 실제 열량 섭취량에 근거하여

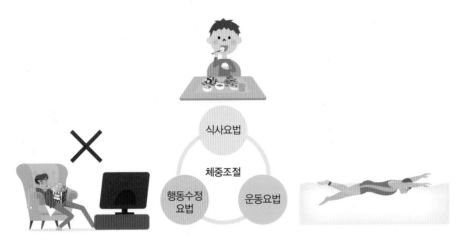

그림 5-7 비만의 치료

결정하거나, 대상자의 1일 열량 필요량을 구한 후 목표체중을 위해 감해야 하는 양을 반영하여 결정한다.

탄수화물을 지나치게 제한하면 지방이 체내에서 분해될 때 불완전하게 산화되어 케톤체를 생산할 수 있으므로 하루 최소 100g 이상의 탄수화물 공급이 필요하다. 열량 섭취를 제한하더라도 단백질, 비타민과 무기질은 1일 섭취기준을 충족시킬 수 있도록 공급되어야 하는데, 1,200kcal 이하의 식사를 하는 경우 식사만으로는 섭취기준을 충족시키기 어렵다. 따라서 열량 섭취 수준이 매우 낮을 경우에는 비타민과 무기질의 별도 보충이 필요할 수 있다. 감량 식사를 하는 경우에는 고기·생선·달걀·콩류, 저지방 유제품, 채소 및 과일류가 다양하게 포함되어야 일정량의 비타민과 무기질을 공급받을 수 있다.

궁금해요

초저열량식과 저열량식의 차이는 무엇인가요?

- **초저열량식** : 초저열량식은 1일 섭취 열량을 400~800kcal로 공급하는 매우 적극적인 체중감량 식사이다. 체중감량의 효과는 빠르나, 중간에 포기하는 경우가 많으며, 케톤증에 의한 탈수, 만성 콩팥병 등과 같은 문제가 발생하기 쉬우므로 전문가의 충분한 관리 하에 실시되어야 한다.
- **저열량식** : 저열량식은 1일 섭취 열량을 1,000~1,200kcal로 제한하는 식사로, 탄수화물, 단백질, 지방의 비율에 따라 체중감량의 효과가 달라질 수 있다. 따라서 평소의 식사 섭취량을 파악하여 적절한 영양소를 함유한 균형잡힌 저열량식을 하는 것이 필요하다.

(2) 식품 종류별의 열량

주식

한국 사람의 주식인 밥은 우리의 생활 열량의 급원이라 할 수 있을 만큼 열량 공급을 위한 주된 식품이면서 다른 한편으로는 한국인의 체중 증가에 기여를 많이 하는 식품이라고 할 수 있다. 한국 사람이 섭취하는 표준적인 밥 한 공기는 약 210g 정도이며, 300kcal의 열량을 가지고 있다. 때문에 우리가 하루 세끼 식사를 통해 매번 섭취하게 되는 밥을 매끼 식사에서 1/3공기씩 줄이면 밥으로만 하루에 300kcal의 열량을 줄이는 것이 가능하다. 또한 매끼 식사에서 한 공기 반씩의 밥을 섭취했던 경우라면 정상적인 1회 분량인 한 공기씩으로 줄이기만 해도 세끼를 통해 450kcal, 거의 500kcal에 육박하는 열량 섭취를 줄일 수 있다. 다양한 주식류의 100kcal당 눈대중량은 그림 5-8 에 제시하였다.

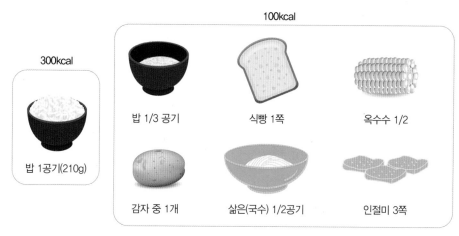

그림 5-8 100kcal를 함유한 주식류 식품과 눈대중량

저탄수화물·고지방 식사는 건강에 어떤 영향을 미칠까요?

궁금해요

저탄수화물·고지방 식사는 탄수화물을 총 열량의 5~10% 정도로 줄이고 대신 지방 섭취를 70% 이상으로 늘리는 식사법으로, 조기 포만감을 유도해 식욕을 억제하기 때문에 시행 초기 단기간 동안 체중감량 효과가 크게 나타난다. 그러나 장기간 지속했을 때 심혈관질환 발생 위험 증가, 미량영양소의 불균형과 식이섬유 섭취 감소가 유발될 수 있다는 문제점이 있다.

외식 및 간식

외식에서 섭취하게 되는 음식은 고열량, 고지방 및 고나트륨 식품이 많으며, 과식하기 쉽기 때문에 체중조절 시 외식을 주의해야 한다 그림 5-9. 한식은 밥, 국이나 찌개, 나물, 김치 등으로 구성된 경우 열량이 낮으면서 포만감을 줄 수 있기 때문에 외식을 할 때에는 한식을 선택하는 것이 좋다. 또한 간식으로 섭취하게 되는 식품에는 탄산음료, 과자, 패스트푸드 등의 고열량식품이 많아 체중조절 시 주의해야 한다 표 5-6.

한식					
된장찌개＋밥	비빔밥	물냉면	삼계탕	설렁탕＋밥	육개장＋밥
445kcal	550kcal	514kcal	800kcal	463kcal	508kcal

중식, 양식					
자장면	짬뽕	볶음밥	탕수육	돈까스	안심스테이크
658kcal	590kcal	705kcal	470kcal	508kcal	510kcal

그림 5-9 외식 종류별 열량

표 5-6 간식의 열량

식품	눈대중량	중량(g)	열량(kcal)
콜라/사이다	1캔	250	110
데미소다	1캔	250	70
스낵과자(새우)	–	30	157
크래커	5개	20	100
초코파이	1개	35	153
아이스크림	1개	70	130
치즈케이크	1조각	70	225
햄버거	1개	100	270
치킨	1조각	105	295
후렌치후라이	1봉지	90	285

출처 : 대한당뇨병학회(2010). 당뇨병 식품교환표 활용지침(제3판).

술 및 기호식품

술의 경우는 함유되어 있는 알코올이 1g당 7kcal의 열량을 내기 때문에, 알코올 도수가 높은 술일수록 높은 열량을 갖게 된다 표 5-7 , 그림 5-10 . 기호식품으로 섭취하는 커피의 경우 열량 섭취에 기여할 수 있다. 커피 자체는 열량을 거의 가지고 있지 않으나, 같이 첨가되는 설탕과 프림으로 인해 커피믹스 한 잔은 약 50kcal의 열량을 가지고 있다. 또한 이것보다 용량이 큰 캔커피의 경우는 약 100kcal의 열량을, 최근에 젊은이들이 즐겨 마시는 양 많고 생크림과 시럽을 듬뿍 올린 커피의 경우는 테이크아웃용 1잔(355mL)에 250kcal 이상의 열량을 가진다.

표 5-7 술의 종류별 열량

종류	알코올 농도(%)	판매단위		섭취 단위(잔/캔)	
		용량(mL)	열량(kcal)	용량(mL)	열량(kcal)
소주	21	360	415	50	58
맥주(캔)	4.4	355	86	355	86
맥주(생)	4	500	110	500	110
맥주(병)	4.5	640	158	200	49
막걸리	6	900	297	200	66
와인	12.5	750	515	100	69
양주	40	750	1,649	40	88

소주 1잔(50mL)
58kcal

와인 1잔(100mL)
69kcal

맥주 1잔(200mL)
49kcal

그림 5-10 술의 열량

밥은 먹지 않고 고기만 먹으면 살이 쉽게 빠지나요?

밥은 먹지 않고 고기만 먹는 식사는 일명 황제 다이어트라고 불리며, 고단백, 고지방, 저탄수화물을 위주로 한 식사이다. 탄수화물의 섭취가 부족하면 지방이 불완전하게 연소되어 케톤체가 체내에서 생성된다. 케톤체는 독성물질로서 수분과 함께 소변으로 빠져나가 탈수를 일으키고 체내에 남은 케톤체는 메스꺼움, 두통, 어지러움 등 여러 부작용을 일으킨다. 특히 탈수는 체중 감소로 착각하기 쉽다. 케톤증을 막으려면 하루 50~100g 이상의 탄수화물 섭취는 필요하다.

2) 행동수정요법

행동수정요법은 자신을 관찰하여 문제점을 발견하고 문제를 개선하기 위한 목표를 세우는 자기관찰단계, 과식을 가져오는 환경을 조절하면서 식행동과 운동습관을 수정해가는 자극조절단계, 바람직한 행동에 대해 보상을 하는 보상단계로 나뉜다. 비만 치료와 관련된 바람직하지 못한 식행동과 바람직한 식행동은 표 5-8 에 제시하였다.

표 5-8 비만과 관련된 식행동

바람직하지 못한 식행동	바람직한 식행동
아침을 굶는다.	아침을 꼭 먹는다.
밥을 빨리 먹는다.	천천히 먹는다.
일을 하면서 먹는다.	항상 식사시간을 지켜서 먹는다.
폭식을 한다.	항상 정한 양만 먹는다.
음식을 버리지 못한다.	음식을 깔끔하게 정리해 둔다.
음식을 항상 넉넉히 준비한다.	항상 모자란 듯 요리한다.
움직이기 싫어한다.	자꾸 움직인다.
인스턴트 식품을 좋아한다.	인스턴트 식품의 섭취를 줄인다.
심심하면 먹는다.	심심하면 재미있는 일을 한다.

궁금해요

과일은 많이 먹어도 살이 찌지 않나요?

과일에는 탄수화물 종류 중 하나이면서, 특히 단맛을 내는 단순당이 함유되어 있기 때문에 종류마다 조금씩 차이는 있지만 열량을 가지고 있다. 따라서 일상 식사를 하면서 추가적으로 너무 많은 과일을 섭취하면 살이 찌게 된다. 그러나 적당한 과일의 섭취는 체중감량 시 비타민, 무기질을 공급해 주고 또한 식이섬유 함량이 높아 포만감을 주는 데 도움이 된다.

식사 습관과 관련한 자극 조절

- 하루에 세끼를 꼭 먹고, 끼니마다 정해진 장소와 시간에 먹는다.
- 먹는 중에 다른 행동은 금지한다.
- 항상 음식을 남기도록 하고 남김없이 먹어 치우지 않는다.
- 입 속에 뭔가를 씹으면서 다른 반찬(음식)에 젓가락질을 하지 않는다.
- 한번에 한 가지 음식을 먹고, 숟가락, 젓가락을 놓고 씹는다.
- 여유를 갖고 식사를 하고 배가 부르게 먹지 않는다.
- 먹고 나면 곧바로 식탁에서 일어선다.
- 음식은 반드시 식당에만 두고 눈에 띄지 않게 한다.
- 문제가 되는 음식은 구입을 하지 않는다.
- 식사가 끝나면 식탁을 바로 치우고, 음식은 보이지 않게 멀리 둔다.

3) 운동요법

비만치료 시 운동을 하면 다음과 같은 장점이 있다.

- 운동 자체가 열량 소비를 증가시킨다.
- 체지방의 분해를 촉진시킨다.
- 근육량을 증가시키며, 기초대사량 증가를 유도할 수 있다.
- 식사요법과 병행하면 식사량의 감소폭을 줄일 수 있다.
- 체중감량 시 몸매의 탄력을 유지시킨다.

다이어트에 절대로 먹으면 안 되는 음식이 있나요?

우리가 섭취하는 음식에는 차이가 있으나 어느 정도 열량이 함유되어 있다. 따라서 아무리 열량이 낮은 식품도 많이 먹으면 문제가 되는 것이고, 아무리 열량이 높은 식품도 적게 먹으면 문제가 되지 않는다. 적게 먹거나 많이 먹어도 괜찮은 음식이 있을 뿐 절대로 먹으면 안 되거나 무조건 많이 먹어도 좋은 음식은 없다.

비만의 운동요법

- 빈도 : 주당 5회 이상
- 시간 : 30~60분/일
- 강도 : 숨이 차고 옆 사람과 대화하기 다소 불편한 정도
- 종류 : 유산소운동(예 걷기, 조깅, 줄넘기, 사이클링, 계단 오르
내리기, 수영 등), 근력운동(체중부하를 이용한 운동,
탄력성 도구를 이용한 운동, 덤벨 및 머신 등 무게부하를
이용한 운동 등)

7. 식사장애

식사장애는 식사행동, 체중 또는 체형에 이상을 보이는 현상을 말한다. 식사장애의 종류로는 신경성 식욕부진증, 신경성 탐식증, 마구먹기 장애 등이 있다 **그림 5-11**.

1) 신경성 식욕부진증

신경성 식욕부진증(anorexia nervosa)은 음식물 섭취를 심하게 제한하여 극도의 체중 감소를 유발하는 상태를 말하며, 주로 사춘기를 갓 지난 소녀들에게 나타난다. 신경성 식욕부진증 환자들은 근육쇠약, 피로, 체중 감소 등의 증상을 보이며, 장기간 계속되면 무월경 증상도 나타날 수 있다. 또한 맥박 수가 감소하고 갑상선 기능 저하, 골다공증, 변비, 빈혈 등의 생리적 변화가 나타나기도 한다. 신경성 식욕부진의 식사관리를 위해서는 체중 감소를 방지하고, 목표체중에 도달하기 위해 열량을 점차 증가시키면서 규칙적이고 균형잡힌 식사습관을 갖도록 해야 한다.

2) 신경성 탐식증

신경성 탐식증은 빈번한 폭식 후 제거 행동(예 자발적 구토, 배변제, 이뇨제 등을 사용한 강제 배설, 과도한 운동, 단식 등)을 반복하는 증상을 의미한다. 일반적으로 신

신경성 식욕부진증   신경성 탐식증   마구먹기 장애

그림 5-11 **식사장애 종류별 증상**

경성 탐식증 환자의 경우 정상체중인 경우도 많으므로 주변에서 알아차리기 쉽지 않고, 체중의 변화가 자주 급격하게 나타날 수도 있다. 또한 신경성 탐식증은 반복되는 구토로 인해 치아의 에나멜층이 파괴되고 식도에 자극 증상을 보일 수 있다. 신경성 탐식증 환자의 경우 정상적으로 음식물을 섭취하고, 폭식행동을 하지 않도록 해야 한다.

3) 마구먹기 장애

마구먹기 장애는 폭식을 반복적으로 하지만, 이에 따르는 강제 배설행위는 거의 없는 특징이 있다. 마구먹기 장애를 보이는 사람들의 경우 매우 빠르게, 한꺼번에 많이 먹으며, 남들 앞에서는 적게 먹는다. 폭식 후에는 심한 자책감, 우울감, 자신에 대한 혐오감에 빠지지만, 폭식 후 구토를 동반하지 않는다. 마구먹기 장애 환자의 경우 영양상담 및 교육을 통해 그릇된 식행동을 정상화하고, 체중을 안정시키는 것이 중요하다.

저열량식

1,600kcal

Point

1. 가능하면 포만감을 줄 수 있는 식이섬유의 함량이 높은 식품을 선택한다.
2. 모든 음식을 1인 1회 분량의 3/4 정도로 섭취한다.
3. 열량을 줄이더라도 비타민, 무기질, 단백질 등의 섭취가 부족하게 되지 않도록 한다.

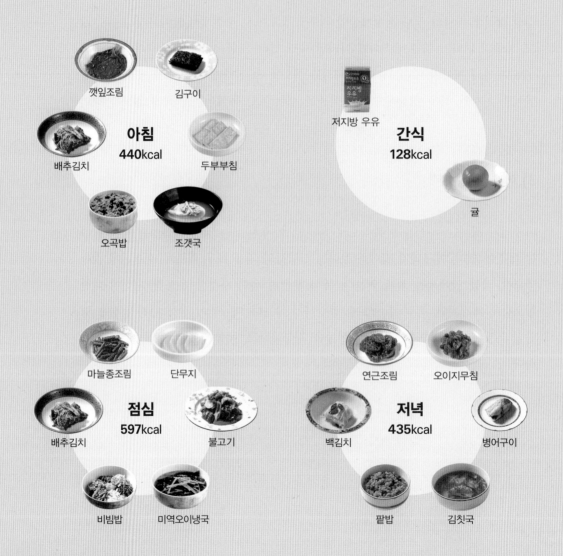

깻잎조림   김구이

아침
440kcal

배추김치   두부부침

오곡밥   조갯국

저지방 우유

간식
128kcal

귤

마늘종조림   단무지

점심
597kcal

배추김치   불고기

비빔밥   미역오이냉국

연근조림   오이지무침

저녁
435kcal

백김치   병어구이

팥밥   김칫국

출처 : 승정자 외(2005). 칼로리핸드북.

당뇨병

당뇨병은 췌장에서 분비되는 인슐린의 분비 저하 또는 인슐린의 기능 부족으로 고혈당과 당뇨 증세를 나타내는 만성 대사성 질환이다. 당뇨병 유병률은 최근 10년 동안 계속적으로 증가하고 있어 30세 이상 성인에서 2009년 9.6%에서 2019년 10.4%로 2009년 대비 2019년 8.3%의 증가율을 보였다. 또한 2019년 우리나라 10대 사망원인 중 당뇨병은 6위로, 인구 10만 명당 15.8명이 사망하고 있어 그 예방과 관리가 매우 중요하다. 본 장에서는 당뇨병의 위험인자와 증상, 식사요법을 포함한 관리방법에 대하여 이해하자.

당뇨병

체내에 흡수된 포도당이 세포 내에서 잘 이용되기 위해서는 췌장에서 분비되는 인슐린이라는 호르몬이 필요하다. 당뇨병은 혈당을 조절하는 인슐린이 부족하거나 효율적으로 이용되지 않아 세포에서 포도당의 이용이 저하되고, 혈액 내 포도당의 농도가 상승하여 소변으로 포도당이 배설되는 만성 대사성 질환이다 그림 6-1 .

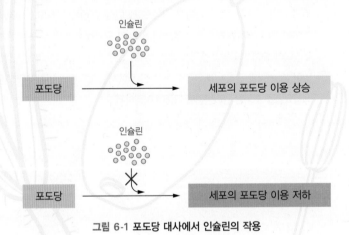

그림 6-1 포도당 대사에서 인슐린의 작용

1. 당뇨병의 분류

1) 제1형 당뇨병

제1형 당뇨병(type 1 diabetes mellitus)은 췌장에서 인슐린이 분비되지 않거나 분비량이 부족한 경우에 발병하게 된다. 주로 소아기, 청소년기, 젊은 성인층(30세 이전)에서 많이 발생하고, 전체 당뇨병 환자의 5~10% 정도가 제1형 당뇨병 환자이다. 제1형 당뇨병에서는 인슐린이 절대적으로 결핍되므로, 반드시 인슐린을 공급해 주어야 한다 표 6-1 .

2) 제2형 당뇨병

제2형 당뇨병(type 2 diabetes mellitus)은 췌장에서 인슐린이 분비되어도 근육이나 지방조직 등 말초조직에서 인슐린에 대한 감수성이 둔화되어 세포 내로의 포도당 이동이 효율적으로 이루어지지 않아 발생한다. 주로 40세 이후에 발병되며, 전체 당뇨

표 6-1 **당뇨병의 종류별 특성**

특징 \ 구분	제1형 당뇨병	제2형 당뇨병
발병률	5~10%	90~95%
발병 연령	젊은 연령(보통 30세 이전)	40세 이후
발병 양상	갑자기 발병	서서히 진행
인슐린 분비 및 감수성	인슐린을 분비하지 못하거나 부족함	인슐린 분비는 정상이나 감수성 저하
비만과의 관련성	없음	있음
사용 약물	인슐린	경구혈당강하제, 인슐린

인슐린은 무엇인가요?
인슐린은 췌장 랑게르한스섬의 베타-세포에서 합성 분비되는 호르몬으로, 혈액 속의 포도당의 양을 일정하게 유지하는 역할을 한다. 식후 혈당량이 높아지면 분비되어 혈액 내의 포도당을 세포 내로 유입시키거나, 간에서 글리코겐을, 지방조직에서 지방의 합성을 촉진시키는 기능을 한다.

궁금해요

병 환자의 90~95% 정도가 제2형 당뇨병 환자이다. 비만, 유전, 연령, 환경요인 등의 영향을 받으며, 식사요법만으로 제2형 당뇨병의 80% 이상을 조절할 수 있다.

3) 기타

임신당뇨병(gestational diabetes mellitus)은 임신 중 인슐린 저항성에 의한 포도당 처리 능력 저하로 발생한다. 임신부의 3~14%에서 발생하며, 출산 후 당뇨병은 없어지지만, 추후 제2형 당뇨병으로 발병할 위험이 높다. 이 외에도 특별한 유전적인 증후군, 수술, 영양실조나 질병으로 인한 당뇨병이 있으며, 전체 당뇨병 환자의 1~2%가 이에 해당된다.

2. 당뇨병의 위험인자

당뇨병의 원인에는 유전적 요인, 연령의 증가, 비만, 스트레스, 임신, 췌장염 및 췌장암과 같은 췌장질환, 내분비성 질환 및 약물복용 등이 있다 그림 6-2 .

- **유전** 부모가 당뇨병인 경우에 태어난 자녀의 당뇨병 발현율이 높다.
- **연령의 증가** 연령이 증가됨에 따라 포도당을 처리하는 능력이 감소하게 되어 당뇨병 위험률이 증가한다.
- **비만** 제2형 당뇨병 환자의 경우 75~80%가 발병 전 체중과다를 보이며, 특히 상체비만인 경우 제2형 당뇨병의 발병률이 높다.
- **스트레스** 신체적·정신적 스트레스를 받으면 포도당을 처리하는 능력이 감소된다.
- **임신** 임신 시에 분비되는 호르몬은 인슐린 저항성을 증가시키므로, 임신부의 경우 포도당 내성이 저하되기 쉽다.
- **기타** 췌장염 및 췌장암과 같은 췌장질환, 쿠싱증후군, 말단비대증, 갑상선기능항진증 등 내분비성 질환 및 약물복용 등에 의해서도 당뇨병이 발생할 수 있다.

유전   연령의 증가   비만

스트레스   임신   기타 질환

그림 6-2 당뇨병의 위험인자

3. 당뇨병의 증상

당뇨병 환자는 인슐린의 작용 문제로 포도당을 세포 내로 이동시킬 수 없기 때문에, 세포가 사용할 열량원이 없게 되어 음식을 많이 섭취하게 된다. 또한 혈중 과잉으로 존재하는 포도당을 소변으로 배설하면서 소변의 양이 많아지고, 이에 따라 탈수로 인하여 심한 갈증을 느껴 물을 많이 마시게 된다. 또한 쉽게 피로를 느끼거나 체중이 감소하고, 혼수상태 등의 증상이 나타나기도 한다. 당뇨병의 대표적인 증상은 다음과 같다 그림 6-3 .

- **삼다 증상**   다음, 다뇨, 다식
- **전신 증상**   체중 감소, 피로감, 공복감
- **안과 증상**   시력 감퇴, 사물의 색변화
- **피부 증상**   가려움증
- **신경 증상**   손발저림, 감각상실, 통증, 현기증, 소화불량

다음

다뇨

W.C

전세냈음

다식

체중 감소

75kg
↓
55kg

그림 6-3 당뇨병의 증상

4. 당뇨병의 진단

1) 공복혈당검사

공복혈당의 정상 범위는 100mg/dL 미만이다. 성인의 경우 최소 8시간 이상 공복 후 혈액을 채취하여 측정한 공복혈당이 126mg/dL 이상인 경우 당뇨병으로 진단한다 표 6-2.

2) 경구포도당부하검사

공복혈당 장애가 있거나 임의로 검사한 혈당이 200mg/dL 이상인 경우 경구포도당부하검사(Oral Glucose Tolerance Test, OGTT)를 실시하는데, 경구포도당부하검사 2시간 후 혈당이 140mg/dL 미만인 경우 정상으로 판정하며, 200mg/dL 이상인 경우 당뇨

표 6-2 당뇨병 진단기준

(단위 : mg/dL)

구분	공복혈당	경구포도당부하검사 2시간 후 혈당
정상	<100	<140
공복혈당장애	100~125	-
내당능장애	-	140~199
당뇨병	≥126	≥200

출처 : 대한당뇨병학회(2019). 2019 당뇨병 진료지침.

병으로 진단한다. 경구포도당부하검사에서는 75g의 포도당을 물에 녹여 5분 이내에 경구투여하고 투여 전 공복 시와 투여 후 2시간의 혈당을 측정한다. 정상인은 포도당 투여 후 30~60분이 되면 혈당이 최고치에 도달하고 2시간 후에 정상으로 돌아오지만, 당뇨병 환자는 혈당이 더 높게 올라가고 2시간 후에도 정상으로 떨어지지 않는다.

3) 요당검사

소변에서 포도당의 검출은 당뇨병 진단의 지표가 된다. 혈중 포도당 농도가 콩팥의 역치(160~180mg/dL)를 넘게 되면 소변으로 포도당이 배설되어 당뇨가 된다. 요당검사를 통해 당뇨가 있는지의 여부는 비교적 쉽고 간단하게 알 수 있으나, 탄수화물 과다 섭취, 스트레스 등에 의해 일시적으로 당뇨 현상이 나타나는 경우도 있기 때문에 요당검사와 함께 혈당검사를 실시하여 당뇨병을 진단한다.

5. 당뇨병의 합병증

1) 급성 합병증

(1) 저혈당증

저혈당은 혈장 포도당 농도가 70mg/dL 미만이 된 상태를 말한다.

식사를 거른 경우

식사를 적게 한 경우

평소보다 운동량이 많은 경우

약물을 과다하게 사용한 경우

그림 6-4 저혈낭의 원인

원인

- 인슐린이나 경구혈당강하제의 과다 사용 그림 6-4
- 인슐린 주사 후 식사시간이나 양을 제대로 지키지 못한 경우
- 평상시보다 운동을 많이 했을 때

증상

- 허약, 두통, 정신 혼미, 정서불안 그림 6-5
- 땀과 한기가 나고 피부가 끈적거림
- 시야가 흔들리고 감각 손실
- 증세가 악화되면서 마비, 의식불명, 경련이 일어남

처치

- 증상이 심하지 않은 경우에는 과일 주스, 꿀물, 사탕 등 쉽게 흡수되는 당질 약 15~20g을 구강으로 섭취함
- 증상이 심한 경우에는 글루카곤(glucagon) 투여와 함께 사탕을 투여하여 혈당을 상승시키고, 의식불명 또는 경련이 있는 경우에는 포도당을 정맥으로 투여함

공복감   식은땀   현기증   흥분

불안정   가슴 두근거림   떨림   두통   피로감

그림 6-5 저혈당의 증상

단순 당질 15~20g에 해당하는 음식의 예

- 설탕 한 숟가락(15g)
- 꿀 한 숟가락(15mL＝한 큰술)
- 주스 또는 청량음료 3/4컵(175mL)
- 요구르트(100mL 기준) 1개
- 사탕 3~4개

알아가기

(2) 케톤산증

케톤산증은 당뇨병 환자에서 발생하는 급성 대사성 합병증으로, 세포가 사용할 열량원이 없게 되어 체지방을 열량원으로 사용할 때 혈액 중 산성의 성격을 가진 케톤체가 과량 생성되어 발생하는 것이다.

원인

- 투여한 인슐린의 양이 적을 경우

- 인슐린 투여를 중단했을 경우
- 과식, 감염, 외상, 스트레스 등

증상
- 피로, 허약, 노곤, 무관심, 구토 등
- 호흡 시 과일 냄새가 나고 12~24시간 이내에 혼수상태에 빠짐
- 혼수상태가 24시간 이상 계속될 경우에 두뇌를 손상시키고 사망에 이를 수 있음

처치
- 혼수상태에 빠져 있는 경우에는 인슐린과 전해질 용액 투여
- 환자가 정신이 들면 소량의 액체를 주어 오심, 구토 증상의 유무를 확인함
- 안정 시까지 전해질, 산도, 포도당 농도를 계속적으로 체크함

2) 만성 합병증

당뇨병 환자의 혈당 관리가 제대로 이루어지지 않으면 콩팥, 심장, 눈, 생식기 등 전신에 걸쳐서 만성적인 합병증이 나타날 수 있다 **그림 6-6**. 합병증을 예방하기 위해서는 꾸준한 관리를 통해 혈당을 정상 수준으로 유지하는 것이 가장 중요하다.

(1) 심혈관계 질환
당뇨병에서는 혈액의 점도가 높아지고, 지방조직의 과도한 분해로 혈중 지질 농도가 높아지게 된다. 따라서 당뇨병 환자에서는 심혈관질환(심장질환, 뇌혈관장애)이 대혈관 합병증으로 나타나게 된다. 당뇨병이 없는 사람에 비해 당뇨병 환자의 경우 남자는 2~3배, 여자는 3~5배 정도 심혈관계 질환의 위험도가 높다.

(2) 당뇨병성 신증
고혈당 상태에서 과량의 포도당과 케톤체가 소변으로 배설되고 또한 소변으로 배설

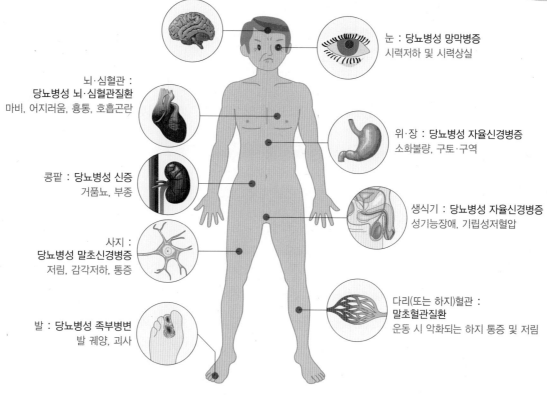

눈 : 당뇨병성 망막병증
시력저하 및 시력상실

뇌·심혈관 :
당뇨병성 뇌·심혈관질환
마비, 어지러움, 흉통, 호흡곤란

위·장 : 당뇨병성 자율신경병증
소화불량, 구토·구역

콩팥 : 당뇨병성 신증
거품뇨, 부종

생식기 : 당뇨병성 자율신경병증
성기능장애, 기립성저혈압

사지 :
당뇨병성 말초신경병증
저림, 감각저하, 통증

다리(또는 하지)혈관 :
말초혈관질환
운동 시 악화되는 하지 통증 및 저림

발 : 당뇨병성 족부병변
발 궤양, 괴사

그림 6-6 당뇨병의 만성 합병증

되는 케톤체를 중화시키기 위해 칼슘, 마그네슘, 칼륨, 나트륨 등이 배설되는데, 이때 콩팥의 여과기능이 손상되어 당뇨병성 신증이 발생할 수 있다. 당뇨병성 신증은 당뇨병 환자의 20~40%에서 발생한다.

(3) 당뇨병성 신경병증

혈당 조절이 잘 이루어지지 않으면 신경에 영양을 공급하는 미세혈관이 막히고, 말초신경에서 중추신경에 이르기까지 지각 이상, 반사 이상, 운동장애, 근위축, 자율신경 장애 등 여러 신경증상이 나타난다. 증상으로는 통증, 허약, 손과 발의 감각 상실, 근육약화, 근위축 등이 있다.

(4) 당뇨병성 망막병증

당뇨병성 망막병증은 눈의 망막에 산소와 영양소를 공급하는 모세혈관에 발생하는 병변이다. 당뇨병 환자의 경우 고혈당으로 인해 망막의 모세혈관 벽이 약해져 쉽게 출혈이 되고, 새로운 모세혈관이 생성되며, 다시 신생혈관이 터지는 식의 출혈이 반복되면서 결국 실명하게 된다. 당뇨병성 망막병증은 20세 이상 성인 실명의 가장 흔한 원인이기도 하다.

6. 당뇨병의 관리

당뇨병 관리의 기본방침은 체내의 인슐린 부족을 해소시키고 당뇨병의 대사장애를 정상적인 상태로 회복시켜 건강한 상태를 오래 유지하는 데 있다. 특히 혈당 조절이 지속적으로 안 되었을 경우 합병증이 발생하기 쉬우므로 표준체중의 유지, 균형잡힌 식사, 정상 혈당 및 혈중 지질 농도의 유지, 규칙적인 운동, 적절한 약물요법 등의 관리가 필요하다. 당뇨병의 치료·관리에는 식사요법, 운동요법, 약물요법 등이 사용된다.

1) 약물요법

약물요법은 식사요법과 운동요법에 의해 당뇨병의 대사장애가 개선되지 않을 경우 의사의 지시에 따라 병행한다. 약물요법으로는 크게 경구혈당강하제와 인슐린 주사제가 있다.

(1) 경구혈당강하제

경구혈당강하제는 주로 제2형 당뇨병에서 발생하는 고혈당을 조절하기 위해 입으로 먹는 혈당강하제를 의미한다. 식사조절, 운동, 체중 감소 등으로 혈당조절이 안 되는 경우 경구용 혈당강하제를 사용한다.

(2) 인슐린

인슐린 주사는 주로 제1형 당뇨병 환자에게 사용하며 경구혈당강하제만으로 혈당조절이 안 되는 제2형 당뇨병 환자에게도 사용한다. 인슐린은 주사기, 펌프, 외부접착 캡슐, 흡입 등의 방법으로 투여된다. 인슐린은 작용 시작 시간, 최대 효과시간, 지속시간 등에 따라 다양하게 분류된다(예 초속효성, 속효성, 지속형, 혼합형 등) 표 6-3 . 환자가 사용하는 인슐린의 특징을 이해하고, 인슐린이 작용하는 시간에 저혈당이 되지 않도록 식사를 적절히 배분해야 한다.

표 6-3 인슐린 제제의 종류와 작용시간

인슐린 제제	효과 발현	최대 효과시간	지속시간
초속효성 인슐린	15분 이내	30~90분	3~4시간
속효성 인슐린	30~60분	2~3시간	4~6시간
지속형 인슐린	1~4시간	6~10시간	16~20시간
혼합형 인슐린(지속형+속효성)	30~60분	최대 효과시간 2번 나타남	10~16시간

2) 운동요법

규칙적인 운동은 혈당 조절능력을 개선시키고 심혈관질환의 위험을 감소시키며 체중 감소에 기여한다. 따라서 당뇨병에 있어 운동요법은 식사요법과 함께 당뇨병 치료의 기본이 된다.

(1) 효과

- 근육세포의 포도당 이용률 촉진
- 인슐린에 대한 감수성 증가와 당내성 향상
- 인슐린 필요량 감소

- 체중조절 효과
- 비만인에게 나타나는 인슐린 저항성 개선
- 심혈관계 질환의 위험요인인 혈중 지질 농도의 정상화

(2) 운동의 종류 및 고려사항

- 혈당조절, 심폐기능 및 혈중 지질 개선에 효과가 좋은 유산소운동이 바람직하다.
- 운동의 종류를 결정할 때는 연령, 당뇨병과 관련된 합병증 및 다른 질병의 유무를 고려한다.
- 산책, 가벼운 체조, 줄넘기, 자전거, 수영, 전신운동 등과 같은 운동을 매일 생활 속에서 일정 시간 동안 규칙적으로 실행한다.
- 운동 중 저혈당에 대비하여 사탕 등을 준비한다.

(3) 운동의 강도 및 횟수

- 숨이 차고 옆 사람과 대화하기 다소 불편한 정도의 중등도 강도 운동을 일주일에 150분 이상 실시한다.
- 운동시간은 1회 30분에서 1시간 정도가 적당하다.
- 운동의 시기는 혈당이 높아지는 식후 30분 이후부터가 바람직하다.
- 혈당조절과 인슐린 감수성 개선 효과를 얻기 위해서는 주 3회 이상 운동을 해야 하며, 연속해서 이틀 이상 쉬지 않아야 한다.

3) 식사요법

당뇨병은 식사요법이 매우 중요하며 식사요법만으로도 당뇨병의 80%는 만족스러운 관리가 가능하다 표 6-4 . 당뇨병 식사요법의 목표는 올바른 식습관과 생활습관으로 바꾸어 고혈당, 이상지질혈증 등의 대사 이상을 교정하고 합병증을 예방하며 좋은 영양상태를 유지하는 것이다.

(1) 기본원칙

당뇨병 식사요법의 기본원칙은 먼저 1일 총 열량 필요량을 결정하고, 결정된 열량에 따라 영양소를 균형 있게 분배하며, 결정된 영양소를 식사시간의 간격에 맞추어 적절하게 공급하는 것이다. 이때 식품교환표를 활용하여 식단을 쉽게 계획할 수 있다.

(2) 식사계획 시 주의사항

영양소를 균형 있게 분배, 공급한다

당뇨병 치료에서 탄수화물, 단백질, 지방 섭취의 이상적인 비율은 없으며, 환자의 치료 목표와 선호에 따라 균형 있게 배분한다. 또한 식사를 4~5시간 간격으로 규칙적으로 계획하고, 각 식사마다 열량을 고르게 배분한다.

단순당의 섭취를 제한하고, 복합 탄수화물을 선택한다

- 탄수화물 급원으로는 소화흡수가 완만하여 식후 혈당조절이 용이한 통곡물, 과일, 채소, 유제품 등을 선택한다.
- 식이섬유는 단당류의 흡수를 지연시켜 혈당의 급격한 상승을 방지하고 만복감을 주며 혈청 콜레스테롤을 저하시키는 효과가 있으므로 충분히 섭취한다.
- 단당류나 이당류 등의 단순 탄수화물(포도당, 과당, 자당, 유당 등)은 쉽게 흡수되고 혈당을 급격히 상승시켜 혈중 중성지방의 농도를 증가시키므로 섭취를 제한한다.

보리밥으로 먹으면 흰밥보다 많이 먹어도 되나요?

궁금해요 +

보리밥이나 잡곡밥은 쌀밥보다 비타민이나 식이섬유가 많아서 영양학적으로 장점이 많다. 식이섬유는 식사 후 장에서 당성분이 흡수되는 것을 지연시켜 주기 때문에 식후 혈당이 급격하게 오르는 것을 막아주며, 혈액 내 콜레스테롤 수치를 낮추어줄 수 있다. 또한 식이섬유가 많이 함유된 식품은 열량이 적고, 섭취 후 만복감을 주므로 식사량을 감소시키는 데도 도움이 된다. 보리밥이나 잡곡밥에는 쌀밥보다 식이섬유가 2~3배 많이 함유되어 있어서 혈당이나 혈중 지질 수준 조절에 유리할 수 있다. 그러나 보리밥 역시 쌀밥과 동일하게 70g(약 1/3공기)이 100kcal를 내므로 보리밥이라고 해서 많이 먹을 수 있는 것은 아니다.

궁금해요

당지수(Glycemic Index, GI)란 무엇인가요?

당지수는 식품 섭취 후 혈당의 상승 정도를 식품별로 비교한 것으로, 흰빵이나 포도당을 100으로 기준하여 각 식품의 혈당반응 정도를 계산한 지수이다. 고GI식품(70 이상)으로는 백미, 꿀, 콘플레이크 등이 있고, 저GI식품(55 이하)으로는 전곡빵, 고구마, 요거트, 사과, 대두 등이 있다. 당지수가 낮은 식품은 혈당 조절에 비교적 효과적이다.

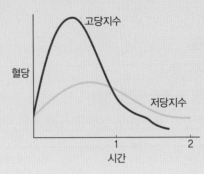

지방의 섭취를 줄인다

- 기름을 많이 사용하는 조리는 자주 하지 않는다.
- 고기류는 기름을 떼어내고 닭고기는 껍질을 벗긴 후 조리한다.

비타민과 무기질의 섭취는 충분히 한다

- 당뇨병은 자체가 소모성이고 신경장애가 일어나기 쉬우므로 비타민을 부족하지 않게 충분히 섭취해야 한다. 따라서 식단을 작성할 때 비타민과 무기질이 부족하지 않도록 다양한 종류의 식품을 골고루 선택한다.
- 혈압 조절 및 합병증 예방을 위해 나트륨은 1일 2,300mg 이내로 제한할 것이 권고된다.

알코올의 섭취를 금한다

알코올은 1g당 7kcal의 열량을 내므로 총 섭취 열량에 알코올로 섭취한 열량을 포함시켜야 한다. 알코올에 대한 의존도가 높은 경우에는 다른 영양소의 결핍과 함께 케톤체 합성의 증가, 혈중 지질의 상승 등을 유발할 수 있고, 특히 제2형 당뇨병 환자가 알코올을 섭취하면 포도당 신생작용을 방해하므로 저혈당 증세가 올 수 있다. 따라서 알코올과 관련된 다양한 건강문제를 고려하여 당뇨병 환자에서는 가급적 금주를 권한다.

외식 시 식품선택에 주의한다

- 외식 시에는 모든 식품군이 골고루 함유되어 있는지 확인한다.
- 과식하지 않고 자신의 평소 양과 비슷한 양의 식사를 한다.
- 기름이나 설탕이 많이 함유되어 있는 음식은 피한다.
- 중식이나 양식보다는 한식이나 일식을 선택한다.

표 6-4 **당뇨병 환자의 식품선택**

자유롭게 섭취할 수 있는 식품	주의해야 할 식품
• 채소류 : 대부분의 채소류	• 곡류 : 달콤한 과자, 파이류, 꿀떡, 약과, 설탕 입힌 플레이크 등
• 해조류 : 곤약, 김, 미역, 우무, 한천 등	• 과일류 : 과일통조림류
• 음료수 : 녹차, 홍차 등, 라이트 콜라, 사이다 등	• 음료수 및 우유류 : 유자차, 모과차 등 달콤한 차류, 가당요구르트 및 맛우유 등
• 향신료 : 겨자, 식초, 계피, 후추, 레몬 등	• 기타 : 사탕, 꿀, 젤리, 초콜릿, 시럽, 잼, 엿, 양갱, 껌, 조청, 물엿 등

출처 : 대한당뇨병학회(2010). 당뇨병 식품교환표 활용지침(제3판).

당뇨병 환자의 경우 무가당주스는 많이 먹어도 되나요?

무가당주스는 당을 추가하지 않았다는 것이며 주스 자체에 당이 없다는 것은 아니다. 과일을 갈아놓은 그 자체라고 볼 수 있다. 무가당 오렌지주스 1/2컵(100mL)을 먹는다면 과일 1교환단위를 먹는 것과 같으므로 귤 1개 또는 오렌지 1/2개를 먹는 것과 같은 것이다.

오렌지주스 1/2잔 = 오렌지(대) 1/2개

궁금해요

(3) 식품교환표를 이용한 식사계획

식품교환표

식품교환표란 우리가 일상생활에서 섭취하고 있는 식품들을 영양소 구성이 비슷한 것끼리 묶어서 6가지 식품군으로 분류해 놓은 표이다 표 6-5 . 6가지 식품군은 곡류

표 6-5 **식품교환표**

식품군		교환단위의 예	영양소(g)			열량 (kcal)
			탄수화물	단백질	지방	
곡류군		인절미 3개 / 감자(중) 1개 / 밥 1/3공기 / 식빵 1쪽 / 옥수수 1/2개 / 삶은 국수 1/2공기	23	2		100
어육류군	저지방군	소·돼지·닭고기(순살코기) 소 1토막(탁구공 크기) / 조기(소) 1토막 / 새우(중) 3마리 / 조갯살 1/3컵(소)	–	8	2	50
	중지방군	달걀 1개 / 두부 1/5모 / 순두부 1/2봉지 / 햄 2장 (40g) / 소·돼지고기(40g)	–	8	5	75
	고지방군	갈비(삼겹살) (40g) / 닭고기(껍질 포함)(40g) / 치즈 1.5장 / 생선통조림 1/3컵	–	8	8	100
채소군		당근(대 1/3개) (70g) / 시금치(70g) / 배추(70g) / 오이(중 1/3개) (70g) / 가지(70g) / 깻잎(40g) / 무(70g) / 김(2g)	3	2	–	20
지방군		땅콩 8개 / 잣 1큰술 / 마요네즈 1작은술 / 식용유, 들기름, 참기름 1작은술	–	–	5	45
우유군	일반우유	우유(200mL) / 두유(200mL) / 분유 5큰술	10	6	7	125
	저지방우유	저지방우유 (200mL)	10	6	2	80
과일군		사과(중) 1/3개 / 바나나(중) 1/2개 / 과일주스 1/2컵 / 감(중) 1/3개 / 딸기(중) 7개	12	–	–	50

군, 어육류군, 채소군, 지방군, 우유군, 과일군을 말하며 표 6-6 과 같이 쉽고 간단하게 식사를 계획할 수 있다.

표 6-6 1일 열량별 교환단위 수

식품군		열량(kcal) 1,400	1,500	1,600	1,700	1,800	1,900	2,000
곡류군		7	7	8	8	8	9	10
어육류군	저지방	1	2	2	2	2	2	2
	중지방	3	3	3	3	3	3	3
채소군		6	7	7	7	7	7	7
지방군		3	4	4	4	4	4	4
우유군		1	1	1	1	2	2	2
과일군		1	1	1	2	2	2	2

교환단위

각 식품군마다 영양소의 함량이 같은 식품의 무게를 결정하여 그 양을 식품의 '1교환단위'라고 하며, 같은 식품군 안에 있는 식품들의 1교환단위는 영양소의 구성이 비슷하므로 서로 자유롭게 교환하여 섭취할 수 있어 당뇨병 환자들이 식사계획을 하는 데 쉽게 활용할 수 있다.

식품교환표를 이용한 식단 작성

하루 총 필요 열량을 산정, 영양소를 균형있게 배분 후 식품교환표를 이용하여 각 식품군별 교환단위 수를 결정한다. 하루에 배분된 교환단위 수를 세끼의 식사가 비슷하도록 끼니별로 분배하여 식사를 계획한다 표 6-7. 특히 제2형 당뇨병 환자에서는 식사시간, 식사간격, 식사량, 음식의 종류 및 형태도 엄격하게 규제해야 한다. 교환단위를 이용한 식단의 예는 표 6-8 과 같다.

표 6-7 끼니별 교환단위 수와 배분(1,800kcal/일)

식품군		열량(kcal)	단위 수	아침	간식	점심	간식	저녁	간식
곡류군			8	2		2	1	3	
어육류군	저지방		2			1		1	
	중지방		3	1		1		1	
채소군			7	2		2		3	
지방군			4	1		2		1	
우유군			2				1		1
과일군			2				1		1

표 6-8 1,800kcal 식단 구성의 예

시기	음식	식품	단위 수	대체음식
아침	보리밥 시금칫국 달걀찜 미역오이냉채 양배추샐러드 배추김치	보리밥 140g(2/3공기) 시금치 달걀 55g(중간 것 1개) 건미역, 오이, 당근 양배추 배추김치	곡류군 2 채소군 0.5 어육류군 1 채소군 0.5 채소군 0.5 채소군 0.5	현미밥, 수수밥, 쌀밥, 조밥, 팥밥 배춧국, 근댓국, 아욱국 병어구이, 삼치구이, 불고기 쑥갓겉절이, 상추무침 양상추샐러드, 채소샐러드 김치류(열무김치, 깍두기, 총각김치)
점심	보리밥 해물탕 두부양념조림 표고피망볶음 실파강회 배추김치	보리밥 140g(2/3공기) 오징어, 홍합, 조개 두부 80g(2~3쪽) 표고, 양파, 피망 실파 배추김치	곡류군 2 어육류군 1 어육류군 1 채소군 0.5 채소군 0.5 채소군 1	현미밥, 수수밥, 쌀밥, 조밥, 팥밥 육개장, 물오징어찌개, 달걀국, 두부국 마파두부, 닭조림, 돼지고기볶음 호박볶음, 고구마순볶음 오이생채, 느타리초회, 달래무침 김치류(열무김치, 깍두기, 총각김치)
간식	감자구이 방울토마토 우유	감자 140g(중간 것 1개) 방울토마토 300g 우유 200mL	곡류군 1 과일군 1 우유군 1	옥수수, 고구마, 식빵, 인절미 귤 1개, 배 1/4개, 사과 1/3개, 주스 1/2컵 두유 1컵, 분유 5스푼
저녁	보리밥 미역국 조기구이 돼지고기튀김 돌나물무침 배추김치	보리밥 210g(1공기) 건미역 조기 50g 돼지고기 40g 돌나물 배추김치	곡류군 3 채소군 0.5 어육류군 1 어육류군 1 채소군 1.5 채소군 1	현미밥, 수수밥, 쌀밥, 조밥, 팥밥 콩나물국, 무채국, 미역냉국 돼지고기김치볶음, 소고기채소볶음 동태전, 표고전, 오징어튀김 미역무침, 부추무침, 미나리무침 김치류(열무김치, 깍두기, 총각김치)
간식	사과 우유	사과 80g(중간 것 1/3개) 우유 200mL	과일군 1 우유군 1	귤 1개, 배 1/4개, 사과 1/3개, 주스 1/2컵 두유 1컵, 분유 5스푼

당뇨병 위험도 체크 리스트

질문		문항	점수
1. 당신의 나이는?		35세 미만	0점
		35~44세	2점
		45세 이상	3점
2. 당신의 부모형제 중 한 명이라도 당뇨병 환자가 있습니까?		아니오	0점
		예	1점
3. 당신은 현재 혈압약을 복용하고 있거나 혈압이 140/90mmHg 이상인가요?		아니오	0점
		예	1점
4. 당신의 허리둘레는 얼마인가요?	남자	84cm 미만	0점
		84~89.9cm	2점
		90cm 이상	3점
	여자	77cm 미만	0점
		77~83.9cm	2점
		84cm 이상	3점
5. 당신은 현재 담배를 피나요?		아니오	0점
		예	1점
6. 당신의 음주량은 하루 평균 몇 잔인가요? (술 종류 관계없이)		하루 1잔 미만	0점
		하루 1~4.9잔	1점
		하루 5잔 이상	2점
총점			

※ 결과해석 : 점수가 높을수록 당뇨병 위험이 높아진다. 8~9점은 5~7점보다 당뇨병 발생 위험이 2배, 10점 이상일 경우 3배 이상 높아진다. 총점이 5점 이상일 경우 당뇨병이 있을 위험이 높으므로 혈당검사(공복혈당 또는 식후 혈당)가 권고된다.
자료 : 대한당뇨병학회(2021). 2021 당뇨병 진료지침.

당뇨병

1,795kcal　**Point**　1. 식이섬유의 함량이 높은 식품과 푸른 채소, 해조류의 식품을 사용한다.
2. 교환단위의 개념을 숙지하여 당뇨병 식단에 적용한다.

호박나물

곡류군 3
어육류군(중) 1.5
채소군 2.5
지방군 1.4

배추김치

아침
525kcal

알감자조림

흑미밥

순두부찌개

우유

우유군 2

간식
250kcal

두유

달래무침

바나나

배추김치

점심
645kcal

조기구이

곡류군 2.5
어육류군(저) 2
채소군 1.5
지방군 1.6
과일군 1

현미밥

쇠고기미역국

배추김치

무나물

저녁
425kcal

곡류군 3
어육류군(중) 1.5
채소군 3
지방군 1

쇠고기덮밥

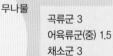

감잣국

출처 : 승정자 외(2005). 칼로리핸드북.

심장 순환기계 질환

심장 순환기계는 펌프 작용을 하는 심장과 혈액이 이동하는 혈관으로 구성된다.
심장 순환기계 질환은 세계 각국에서 사망의 주요 원인이며, 우리나라의 경우도
1990년대 이후 사망원인 2, 3위를 차지하고 있는 주요 질환이다. 본 장에서는
심장 순환기계의 대표적인 질환인 고혈압, 이상지질혈증, 동맥경화증의 원인,
증상, 식사요법에 대하여 이해하자.

심장 순환기계 질환

1. 고혈압

심장이 전신에 혈액을 보낼 때 나타나는 혈관 내의 압력을 혈압이라고 한다. 심장이 수축했을 때의 혈압을 수축기 또는 최고혈압이라고 하고 심장이 이완했을 때의 혈압을 이완기 또는 최저혈압이라고 한다. 고혈압(hypertension)이란 혈압이 정상 이상으로 높은 경우(수축기 혈압 140mmHg 또는 이완기 혈압 90mmHg 이상)가 계속되는 상태를 말한다.

1) 진단기준

혈압을 반복 측정하여 평균 140/90mmHg 이상일 경우에 고혈압으로 진단한다. 최고혈압 또는 최저혈압의 어느 한쪽이 높아도 고혈압으로 진단하고, 그 정도에 따라 표 7-1 과 같이 분류된다.

2) 발생 원인

고혈압 환자의 90% 이상은 원인이 불분명한 1차성 또는 본태성 고혈압이며, 원인이 비교적 명확한 2차성 고혈압은 10% 이내에 불과하다. 고혈압의 가족력, 연령의 증가,

표 7-1 혈압의 기준과 분류 (단위 : mmHg)

분류		수축기 혈압		이완기 혈압
정상혈압		<120	그리고	<80
주의혈압		120~129	그리고	<80
고혈압 전 단계		130~139	또는	80~89
고혈압	1기	140~159	또는	90~99
	2기	≥160	또는	≥100
수축기 단독고혈압		≥140	그리고	<90

출처 : 대한고혈압학회(2018). 2018년 고혈압 진료지침.

비만, 스트레스, 운동부족, 흡연과 음주, 잘못된 식습관은 고혈압 발생의 원인이 된다. 식습관 중 과다한 나트륨의 섭취는 대표적인 혈압 상승의 원인이 되며, 열량과 지방의 과잉 섭취는 비만과 이상지질혈증, 동맥경화증을 일으켜 혈압에 영향을 미칠 수 있다. 칼슘과 마그네슘의 섭취가 부족한 경우에도 혈압이 높아질 수 있다. 2차성 고혈압의 원인은 콩팥병, 내분비계 질환, 약물복용(경구용 피임약, 스테로이드제) 등이다.

3) 증상

고혈압은 경중이나 중등도의 상태에서는 느껴지는 증상이 없는 것이 일반적이다. 고혈압 상태를 방치하게 되면 심장, 콩팥, 뇌, 눈 등의 장기에 관련된 합병증이 발생하며, 동맥경화가 발생할 수도 있다. 혈압 상승 자체에 대한 증상으로는 두통, 현기증, 코피가 날 수 있으며, 합병증에 의한 증상으로는 호흡 곤란, 협심증, 통증, 부종 등이 올 수 있고, 콩팥 기능 부전에 의해서 부종, 구토 등의 증상이 나타날 수 있다.

4) 위험요인

유전

부모가 고혈압인 경우 자녀에게도 고혈압이 발생할 가능성이 높다.

연령

우리나라 30세 이상 성인 인구의 고혈압 유병률은 30% 정도지만, 60대에는 50%, 70대 이상에서는 67%에 이르고 있어 연령이 증가함에 따라 고혈압 발생률이 높아진다.

비만

비만인 경우 인슐린 저항성이 증가하여 고인슐린혈증을 일으키고, 이로 인해 콩팥에서의 나트륨과 수분 보유가 증가하여 고혈압을 유발한다.

스트레스

스트레스에 의한 혈압 상승작용은 일반적으로 이완기 혈압 상승과 관련이 있다.

운동

심장 및 말초 혈관에 부담을 주지 않는 정도의 규칙적인 운동은 체중 감소, 스트레스 해소, 혈압 강하 등에 좋은 효과를 미친다. 따라서 운동량이 적고 앉아서 일을 하는 직업을 가진 사람은 비만증과 고혈압의 발생률이 높다.

흡연과 음주

흡연이나 과량의 알코올 섭취는 혈압을 상승시키고, 혈중 중성지방 함량을 증가시켜 고혈압의 위험을 증가시킨다.

나트륨

나트륨은 체액의 삼투압 조절에 중요한 역할을 담당하는데, 나트륨 섭취가 많으면 삼

궁금해요

소금을 많이 먹으면 혈압이 높아지나요?

소금 섭취량이 많을수록 고혈압 발생이 증가한다는 것은 역학조사를 통해 알려진 사실이다. 알래스카에 사는 에스키모인은 하루 섭취하는 소금 양이 4g 정도에 불과해 고혈압의 발생빈도가 낮은 반면, 우리나라 사람들은 소금 섭취량이 하루에 10g 내외이고 고혈압 발생률은 30~35%에 이른다. 소금을 많이 먹으면 혈압이 높아지는 이유는 혈중 염분 농도가 높아지면 체내의 수분이 혈관 속으로 들어오는 삼투압 현상 때문이다.

투압이 높아져 혈장량이 증가하여 혈압이 상승될 수 있다.

동물성 지방

동물성 지방은 콜레스테롤과 포화지방산의 함량이 높다. 과도한 콜레스테롤과 포화지방산의 섭취는 혈중 콜레스테롤 농도를 증가시키며, 혈중 콜레스테롤 농도 증가는 고혈압, 동맥경화 발생과 직접적인 관련이 있다.

5) 치료

고혈압은 그 자체로는 증상을 나타내는 경우가 드물지만 합병증이 나타날 수 있기 때문에 지속적인 관심을 가지고 꾸준히 치료해야 한다. 고혈압 치료에는 약물요법과 저염식, 비만 환자의 경우 체중 감소, 콜레스테롤 및 동물성 지방 섭취 제한, 알코올 섭취 제한, 운동, 스트레스 해소 등의 비약물요법이 있다.

알아가기

고혈압 치료를 위한 비약물요법

1. 비만의 경우 체중을 감량한다.
2. 알코올 섭취를 제한한다.
3. 규칙적인 유산소운동을 한다(1일 30~45분간).
4. 저염식을 한다(1일 소금 5g 이하).
5. 음식으로 적당량의 칼륨을 섭취한다(1일 90mEq).
6. 음식을 통해 적정량의 칼슘과 마그네슘을 섭취한다.
7. 금연한다.
8. 전반적인 심혈관계 질환을 예방하기 위해 콜레스테롤 섭취를 줄인다.

6) 식사요법

고혈압의 식사관리는 체중조절과 나트륨 제한에 중점을 둔다. 체중조절을 위해 저지방, 저열량식 및 혈압에 영향을 줄 수 있는 무기질(나트륨, 칼륨, 칼슘, 마그네슘)과 지방산의 종류도 고려한다.

(1) 열량

고혈압 환자는 비만인 경우가 많으며, 혈압 관리를 위해서는 이상적인 체중 유지가 필요하다. 비만인 경우 급작스러운 체중 감소는 피로, 호흡 곤란 등의 부작용이 나타날 수 있기 때문에 저열량 식사를 통해 서서히 체중을 조절하는 것이 바람직하다. 실제로 비만인 고혈압 환자(표준체중의 110% 이상)를 대상으로 5kg 정도의 체중을 감소시키면 별다른 치료 없이 혈압을 낮출 수 있다. 특히 약물 치료를 하는 고혈압 환자라도 체중감량이 약물 치료를 용이하게 해주므로 체중감량을 위한 노력이 필요하다.

(2) 단백질

고혈압 환자는 높은 혈압으로 인한 혈관 손상을 보호하기 위해 충분한 단백질 섭취가 필요하다. 따라서 체중 kg당 1~1.5g 정도의 단백질 섭취가 권장된다. 단백질의 1/2 이상은 육류, 생선, 달걀, 콩과 같은 양질의 단백질 식품을 통해 섭취하도록 하고, 동물성 단백질 식품은 포화지방산이나 콜레스테롤의 섭취를 줄이기 위해 기름기가 적은 부위를 선택하거나 조리 시 제거한다.

(3) 지방

지방은 총 열량의 20~25% 정도의 범위에서 섭취하도록 한다. 고혈압 환자는 고콜레스테롤혈증과 관상심장질환을 수반할 경우가 있으므로 콜레스테롤과 포화지방산의 섭취를 줄이고, 불포화지방산을 섭취한다. 특히 불포화지방산인 리놀레산(linoleic acid)은 혈관 확장 및 나트륨 배설을 촉진시켜 고혈압과 심혈관계 질환에 효과적이다. 등푸른 생선, 들기름 등에 함유량이 높은 ω-3계 지방산은 혈압을 강하시키는 효과가 있다.

(4) 나트륨

나트륨을 많이 섭취하면 혈액 내 나트륨의 함량이 높아져 삼투압이 증가하고 이로 인해 혈액량이 많아짐에 따라 혈압이 올라간다. 따라서 나트륨의 섭취를 줄이는 것은 혈압 감소를 위해 매우 필요하다.

음식에는 나트륨의 주요 급원인 소금과 소금을 포함한 간장, 된장 등의 조미료 사용을 가능한 한 줄이도록 한다 표 7-2. 식초, 레몬, 겨자, 후추 등의 향신조미료를 사용하여 음식의 맛을 내고, 경우에 따라 무염 간장, 대용 소금 등을 사용한다. 나트륨을 적게 먹으려면 가공식품이나 외식을 줄여야 하며, 소금 함량이 많은 젓갈류, 장아찌, 자반고등어 등 소금에 절인 생선, 햄, 소시지, 베이컨 등도 적게 섭취해야 한다. 또한 한국인의 식사에서 빠지지 않고 등장하는 국이나 찌개의 경우 간이 짜지 않더라도 섭취하는 양이 많으면 나트륨의 섭취가 많아질 수 있으므로 주의해야 한다. 포테이토칩, 팝콘, 크래커 등의 스낵류, 라면 등의 인스턴트 식품, 치즈, 마가린, 케첩 등의 가공식품도 주의해야 하는 식품이다.

나트륨의 섭취를 엄격하게 제한할 경우 식품 자체에 포함된 나트륨과 식품 제조 과정에서 첨가되는 나트륨, 조리 시 첨가되는 소금(나트륨 40% 함유, 소금 1g=나트륨 400mg) 등도 고려하여야 한다. 또한 제산제, 기침약 등에도 나트륨이 함유되어 있을 수 있다.

표 7-2 소금 1g에 해당되는 양념의 양

식품	중량(g)	목측량
소금	1	1/2작은술
진간장	5	1작은술
된장, 고추장	10	1/2큰술
우스타소스	40	2.5큰술
마요네즈	40	2.5큰술
토마토케첩	30	2큰술
마가린, 버터	50	3큰술

소금과 나트륨은 어떤 관계인가요?

궁금해요 +

나트륨(sodium, Na)은 소금 또는 식탁염인 염화나트륨(NaCl)의 구성성분으로, 짠맛을 내는 물질이다. 소금 1g에는 나트륨 400mg이 함유되어 있다.

궁금해요

국물에는 소금이 얼마나 함유되어 있나요?

적당히 간이 맞는 국의 소금 농도는 약 1% 정도로, 작은 크기의 국 한 그릇(200mL)의 소금 함량은 약 2g이다. 따라서 매끼 국을 먹는다면 하루 국만을 통해서도 6g의 소금을 섭취하게 된다.

현재 우리나라의 국그릇은 크기가 너무 크고, 찌개 같은 경우는 한꺼번에 식구들과 떠먹음으로써 그 섭취량을 정확히 알 수 없다. 우리가 흔히 먹는 라면의 경우는 한 봉지를 끓여서 국물까지 모두 먹을 경우 약 4~5g의 소금을 섭취하게 된다. 따라서 국물을 통한 소금의 섭취를 줄이기 위해서는 국물 음식의 섭취 빈도를 줄이거나, 국그릇의 크기를 줄이는 등의 노력이 필요하다.

나트륨 섭취 제한 시 권장되는 식품

- 탄수화물 함유 식품   보리밥, 현미밥, 율무밥, 잡곡밥, 통밀빵
- 단백질 함유 식품   생선, 두부, 순두부, 두유, 우유, 유제품
- 칼륨 함유 식품   사과, 호박, 감자, 무
- 식이섬유 함유 식품   녹황색 채소, 채소 샐러드, 해조류, 과일류

나트륨 섭취 제한 시 주의를 요하는 식품

- 소금이 많이 함유된 식품   젓갈류, 장아찌, 된장, 간장, 고추장류
- 육류   햄, 베이컨 등의 가공식품
- 어패류   자반, 조개류, 정어리, 오징어, 문어 말린 것
- 기타   국수, 국물, 초콜릿, 치즈 등

(5) 칼륨

칼륨은 세동맥을 확장시키고, 나트륨 배설을 돕는 기능을 가지고 있다. 칼륨을 충분히 섭취하면 고혈압 발생을 예방하고 고혈압 환자의 혈압 개선에 도움이 된다. 칼륨은 신선한 과일, 채소와 같은 식품을 통해 섭취할 수 있다.

(6) 식이섬유

고혈압 환자는 변비에 걸리지 않도록 주의해야 한다. 식이섬유의 충분한 섭취는 변비 예방을 위해 매우 중요하며, 또한 식이섬유 섭취 증가가 수축기 혈압을 5mmHg 정

도 감소시키며, 식이섬유 섭취가 적은 사람(1일 12g 미만)이 많이 섭취하는 사람(1일 24g 이상)에 비해 고혈압 발생의 위험도가 높은 것으로 밝혀졌다.

(7) 칼슘

칼슘 섭취 부족이 고혈압 발생 증가와 관계가 있다고 보고되었으며, 충분한 칼슘 섭취는 일반적인 건강과 고혈압 치료에 도움이 될 수 있다. 칼슘은 한국인에서 섭취가 부족한 대표적인 영양소 중의 하나로, 유제품, 진한 녹색채소, 뼈째 먹는 생선류 등 칼슘 함량이 높은 식품의 섭취를 높이는 것이 필요하다.

(8) 카페인

카페인은 혈압을 상승시킨다. 한 연구에서는 150mg의 카페인(커피 2~3잔) 섭취 후 15분 정도 경과 시 혈압이 5~15mmHg 정도 증가됨이 보고되었다. 고혈압 환자는 일반적으로 과다한 카페인 섭취를 피하고 하루 3잔 이하로 커피 섭취를 제한하도록 한다.

(9) 알코올

일반적으로 알코올 섭취량이 증가할수록 혈압이 증가한다. 여성이 남성에 비해 알코올 섭취에 의한 혈압상승 효과와 유해 효과가 더 큰 것으로 나타났다. 고혈압의 치료 시에는 금주를 권장한다.

2. 이상지질혈증

이상지질혈증(dyslipidemia)이란 혈중 지질(콜레스테롤 및 중성지방)이 비정상적으로 증가된 상태를 말한다. 이상지질혈증 자체가 직접 생명을 좌우하지는 않지만 이상지질혈증을 오랫동안 방치하면 동맥경화가 진행되어 결국에는 심근경색과 뇌경색 등 위험한 합병증을 일으킬 수 있으므로 주의해야 한다.

혈중 지질의 존재 형태

콜레스테롤과 중성지방으로 대표되는 혈청 지질은 물에 녹지 않기 때문에 수분이 많은 혈액에 용해되지 않는다. 따라서 아포단 백이라고 부르는 단백질과 결합하고 지단백 (lipoprotein)을 형성하여 혈중에 존재한다.

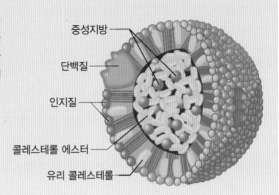

중성지방
단백질
인지질
콜레스테롤 에스터
유리 콜레스테롤

1) 원인

이상지질혈증의 원인을 크게 나누면 열량과 콜레스테롤을 많이 먹는 식생활, 운동 부족, 유전적인 체질에 의한 것 등 1차적인 것과 당뇨병, 콩팥병, 간질환, 내분비 이상 등으로 발생하는 2차적인 것이 있다.

2) 분류 및 진단기준

이상지질혈증에서 콜레스테롤만 높은 경우는 고콜레스테롤혈증, 중성지방만 높은 경우는 고중성지방혈증이라고 하며, 양쪽 모두 높은 혼합형 이상지질혈증도 있다. 이상지질혈증은 혈액의 지질 함량을 측정하여 진단한다. 바람직한 콜레스테롤 수치는 200mg/dL 미만이며, 200~239mg/dL은 경계 수준, 240mg/dL 이상은 고콜레스테롤혈증이라고 한다. 중성지방이 200mg/dL을 초과하면 고중성지방혈증이라고 한다 표 7-3 .

3) 치료 및 식사요법

다른 질환이 원인이 되어 이상지질혈증이 발생하는 경우에는 원인 질환의 치료를 우

표 7-3 한국 성인의 이상지질혈증 진단기준

분류		기준(mg/dL)
총 콜레스테롤	높음	≥240
	경계	200~239
	적정	<200
중성지방	매우 높음	≥500
	높음	200~499
	경계	150~199
	적정	<150
LDL-콜레스테롤	매우 높음	≥190
	높음	160~189
	경계	130~159
	정상	100~129
	적정	<100
HDL-콜레스테롤	낮음	<40
	높음	≥60

출처 : 한국지질·동맥경화학회(2018), 이상지질혈증 치료지침(제4판).

지단백의 종류

알아가기 +

지단백은 크기와 구성 지질의 상대적인 양에 따라 카일로미크론(chylomicron), 초저밀도지단백(Very Low-Density Lipoprotein, VLDL), 저밀도지단백(Low-Density Lipoprotein, LDL), 고밀도지단백(High-Density Lipoprotein, HDL)으로 나뉜다. 카일로미크론과 초저밀도지단백은 중성지방 함유 비율이 높고, 저밀도지단백과 고밀도지단백은 콜레스테롤 함유 비율이 높다. 저밀도지단백의 콜레스테롤은 동맥벽에 들어가 동맥경화를 만들고, 고밀도지단백은 동맥벽의 콜레스테롤을 취하여 간으로 운반 후 분해하므로 관상동맥질환을 예방한다.

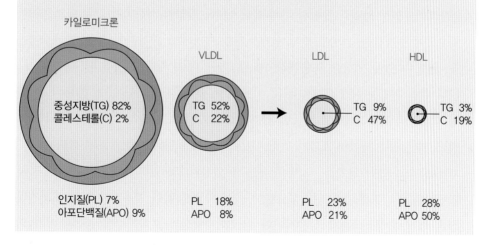

선으로 한다. 그러나 생활습관이 원인이 되는 이상지질혈증은 생활 속에서 위험요인을 제거하도록 노력해야 한다.

(1) 위험인자 제거

이상지질혈증의 치료에서는 식사, 운동과 함께 생활습관의 개선이 중요하다. 과량의 술 섭취는 간에서 지방 합성을 촉진하여 이상지질혈증의 원인이 된다. 흡연은 니코틴 등의 유해 성분이 혈관과 혈액 성분에 작용하여 혈압을 높이고 이상지질혈증을 일으켜 동맥경화의 원인이 될 수 있다. 스트레스 또한 혈압을 상승시켜 혈관에 부담을 주고 이상지질혈증의 위험인자가 될 수 있다.

(2) 약물요법

약물요법은 약제의 사용에 의해 콜레스테롤과 중성지방을 떨어뜨리는 치료법이다. 약을 사용하지 않고 식사요법과 운동요법만으로 잘 치료되면 좋지만 사정이 여의치 않을 경우 약물요법을 병행한다. 약물요법의 시행 여부는 이상지질혈증의 종류와 증상에 따라 의사가 최종적으로 판단한다.

(3) 식사요법

고콜레스테롤혈증

- **열량 제한** 열량 섭취를 줄이면 간의 콜레스테롤 합성이 저하되어 간의 콜레스테롤 필요량이 증가하는 동시에 간의 콜레스테롤 수용체도 증가하여 혈중 콜레스테롤을 낮출 수 있다. 열량은 표준체중 1kg당 25~30kcal 정도로 섭취하도록 한다. 그러나 비만 환자는 체중감량을 위해 이보다 더 낮게 결정할 수 있다. 하루의 총 열량 섭취량이 적정하더라도 끼니별 배분이 고르지 못하고 특히 저녁에 편중되면 고콜레스테롤혈증 개선의 효과가 떨어지므로 세끼의 열량배분을 고르게 한다.
- **지질 섭취량과 지방산의 종류** 지방 섭취는 총 열량의 25% 미만으로 감소시키고 포화지방산의 섭취를 줄인다. 일반적으로 동물성 식품에 많이 함유되어 있는 포화지방산은 혈청 콜레스테롤을 상승시킨다. 불포화지방산과 포화지방산의 섭취 비(P/S)

를 상승시키면 콜레스테롤의 배설이 증가하고 간의 콜레스테롤 합성이 저하되어 고콜레스테롤혈증 환자에게 바람직하다. LDL-콜레스테롤을 저하시키기 위한 식사성 P/S는 1~2가 바람직하다.

- **콜레스테롤**　고콜레스테롤혈증 환자의 콜레스테롤 1일 섭취량은 300mg 이하로 제한한다. 콜레스테롤은 난황, 간, 어란, 어류의 내장, 육류, 뱀장어, 오징어, 문어, 낙지, 새우, 조개류, 버터 등에 많다. 콜레스테롤이나 포화지방산의 섭취를 줄이기 위해서는 육류나 육류 가공품의 섭취를 제한한다. 육류는 기름을 제거하고 살코기만 사용하며, 특히 동물의 간이나 콩팥과 같은 내장이나 껍질은 피한다. 우유는 저지방우유나 탈지우유를 사용하고, 난황은 콜레스테롤이 많으므로 과잉 섭취하지 않도록 주의한다.

- **식이섬유**　식이섬유는 담즙산과 콜레스테롤을 흡착 배설시킴으로써 혈청 콜레스테롤을 저하시키는 작용을 한다. 식이섬유 중에서도 채소류에 많이 함유되어 있는 불용성 식이섬유보다 두류, 해조류, 과일류에 함유되어 있는 수용성 식이섬유가 혈중 콜레스테롤이나 LDL-콜레스테롤을 낮추는 데 더 효과적이다.

고중성지방혈증

고중성지방혈증의 식사관리는 체중감량과 함께 과다한 열량과 지방 섭취를 제한하는 것이다. 많은 양의 탄수화물 섭취는 간의 중성지방 합성을 증가시키므로 단순당의 섭취를 제한하고 복합 탄수화물과 식이섬유의 섭취를 강조한다. 또한 혈중 중성지방이 높은 경우 알코올 섭취를 제한해야 한다.

이상지질혈증 식사관리 시 유의사항

- 쇠고기, 돼지고기 등은 살코기만을 사용하고 눈에 보이는 기름을 제거한다.
- 가공육(**예** 베이컨, 소시지, 햄 등)은 지방과 염분이 많으므로 피한다.
- 닭고기는 껍질과 지방층을 제거한 후 사용한다.
- 생선은 포화지방산이 적으므로 고기류보다 생선을 이용한다.
- 우유는 가능하면 탈지우유를 사용하고, 고형 요구르트도 탈지 또는 저지방유로

만든 것을 사용한다.

- 기름을 사용할 때는 버터나 라드 같은 포화지방산이 많은 식품을 피하고 불포화지 방이 많은 기름을 사용한다.
- 식물성 기름 중 코코넛기름이나 팜유 등은 포화지방산이 많으므로 주의한다.
- 달걀노른자는 콜레스테롤이 많으므로 되도록 제한한다.
- 과일과 채소에는 비타민, 식이섬유, 무기질 등이 풍부하므로 식사 때마다 충분히 사용한다. 다만, 혈중 중성지방의 수치가 높은 경우는 과일을 지나치게 많이 섭취 하지 않도록 한다.
- 곡류 및 콩에 함유되어 있는 식이섬유는 혈중 지질을 떨어뜨리는 효과가 있으므로 도정이 안 된 것을 권장한다.
- 견과류(예 땅콩, 호두, 잣 등)에는 불포화지방산은 많으나 지방 및 열량의 함량이 높으므로 과도한 섭취를 주의한다.
- 간식류
  - 당류 함량이 높은 음료, 사탕, 초콜릿 등의 섭취를 제한한다.
  - 지방과 포화지방 함량이 높은 가공식품(예 크래커, 감자칩, 쿠키, 케이크, 파이 등)의 섭취를 제한한다.
- 조리방법
  - 찜, 구이, 조림 등 기름을 적게 쓰는 조리 방법을 택한다.
  - 조리 시에는 지나친 염분 사용을 피한다.
  - 모든 음식을 되도록 싱겁게 조리하고, 소금이 많이 들어 있는 젓갈, 장아찌, 각 종 가공 식품(인스턴트 식품), 베이킹파우더, 화학조미료 등은 사용을 삼간다.

3. 동맥경화증

동맥경화증(arteriosclerosis)은 동맥 내벽이 두꺼워지고 굳어지며, 동맥 내에 콜레 스테롤과 같은 물질이 침착되어 혈관의 내강이 좁아지거나 막히는 상태를 총칭한

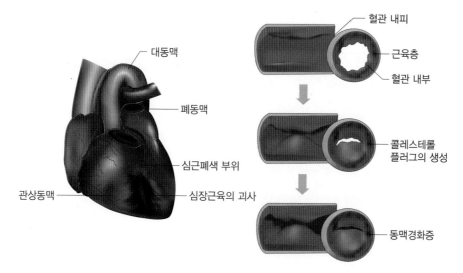

대동맥
폐동맥
심근폐색 부위
관상동맥
심장근육의 괴사

혈관 내피
근육층
혈관 내부

콜레스테롤
플라그의 생성

동맥경화증

그림 7-1 동맥경화의 발생 기전

다 **그림 7-1**. 심장으로 가는 혈관에 동맥경화가 생기면 협심증이나 심근경색이 되고, 뇌혈관에 동맥경화가 생기면 뇌경색을 일으킨다.

1) 원인

동맥경화를 일으키는 가장 중요한 세 가지 위험요소는 고혈압, 이상지질혈증, 흡연을 들 수 있으며 이외에도 염분의 과다 섭취, 과식, 운동부족, 스트레스, 당뇨병 등이 위험인자로 작용한다.

2) 치료 및 식사요법

동맥경화증의 치료는 1차적인 위험요인을 제거하며, 식사요법은 이상지질혈증의 치료를 위한 식사요법에 준한다.

심혈관계 질환 발생 위험도 평가

지표	내용	점수
연령	15~24세	1
	25~34세	2
	35~44세	3
	45~54세	4
	55세 이상	6
심장병 가족력	가족 중에 심장병을 앓은 사람이 없다.	1
	55세 이후에 심장병을 앓은 가족이 한 명 있다.	2
	55세 이후에 심장병을 앓은 가족이 두 명 있다.	3
	55세 이전에 심장병을 앓은 가족이 한 명 있다.	4
	55세 이전에 심장병을 앓은 가족이 두 명 있다.	6
운동	평상시 활동량과 운동량이 아주 많다.	1
	평상시 활동량과 운동향이 보통이다.	2
	평상시 활동량은 적으나 격심한 운동을 한다.	3
	평상시 활동량은 적고 보통 정도의 운동을 한다.	5
	평상시 활동량이 적고 가벼운 운동을 한다.	6
체중	정상체중보다 2kg 이상 적다.	0
	정상체중 2kg 범위 내에 있다.	1
	정상체중보다 3~9kg이 더 많다.	2
	정상체중보다 10~15kg이 더 많다.	4
	정상체중보다 16kg 이상 더 많다.	6
흡연	담배를 피우지 않는다.	0
	시가나 파이프담배를 피운다.	1
	담배를 하루에 10개비 이하 피운다.	2
	담배를 하루에 20개비 이상 피운다.	4
	담배를 하루에 30개비 이상 피운다.	6
식사	동물성 지방을 먹지 않는다.	1
	동물성 지방 섭취량이 총 열량 섭취량의 10% 이하이다.	2
	동물성 지방 섭취량이 총 열량 섭취량의 11~20%이다.	3
	동물성 지방 섭취량이 총 열량 섭취량의 21~30%이다.	4
	동물성 지방 섭취량이 총 열량 섭취량의 31% 이상이다.	6
평가	심장병 발생 위험도(각 점수의 합을 구한다.) • 4~9 : 낮음　　　• 10~15 : 낮은 편임　　• 16~20 : 보통 • 21~25 : 위험도 증가　• 26~30 : 높음　　　• 31 이상 : 매우 높음	

자료 : Brown JE(2002). Nutrition Now.

고혈압(나트륨 1,923mg)

1,902kcal

Point
1. 염분 섭취를 줄이기 위해 간을 최소한으로 한다.
2. 간은 짠맛 대신 신맛, 매운맛, 단맛을 이용한다.
3. 국은 건더기 위주로 섭취하도록 한다.

무초절이

양송이볶음

깍두기

아침
565kcal

북어포무침

완두콩밥

감잣국

액상 요구르트

간식
193kcal

수박

양상추샐러드

파래무침

백김치

점심
625kcal

두부부침

보리밥

콩나물국

상추겉절이

감자야채볶음

열무김치

저녁
519kcal

호박전

강낭콩밥

쇠고기뭇국

출처 : 승정자 외(2005). 칼로리핸드북.

이상지질혈증(콜레스테롤 182mg)

1,920kcal

Point
1. 콜레스테롤과 포화지방 함량이 적은 식품을 사용한다.
2. 식이섬유가 풍부한 잡곡, 채소, 해조, 버섯을 사용한다.

그린샐러드

마늘종볶음

배추김치

아침
591kcal

동태조림

팥밥

근대된장국

저지방 우유

간식
170kcal

오렌지

상추겉절이

파래무생채

깍두기

점심
666kcal

불고기

발아현미밥

호박된장찌개

달래무침

느타리버섯볶음

오이소박이

저녁
493kcal

두부조림

굴밥

콩나물국

출처 : 승정자 외(2005). 칼로리핸드북.

콩팥질환

콩팥은 우리 몸의 각종 노폐물을 걸러내고 체액의 항상성 유지를 위한 중요한 장기이다. 콩팥에 장애가 생기면 급성콩팥손상, 만성콩팥병, 콩팥결석 등의 다양한 질환이 나타난다. 본 장에서는 다양한 콩팥질환의 원인과 증상을 알고 질환별로 체내의 항상성을 유지시킬 수 있는 식사요법을 이해하자.

콩팥질환

1. 콩팥의 구조와 기능

콩팥은 한 쌍의 강낭콩 모양을 하고 있으며 우리 몸의 양쪽 옆구리 뒤편의 좌우 양쪽에 위치하고 있다 그림 8-1 . 콩팥의 무게는 체중의 약 0.4~0.5%에 불과하지만 심장에서 나오는 혈액의 25% 정도가 콩팥을 통과한다.

1) 요 생성

콩팥에서 혈액의 노폐물과 수분이 여과되어 요를 생성한다. 요의 양은 1일 1,500mL

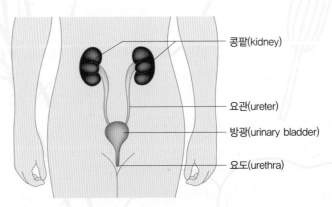

그림 8-1 **콩팥의 위치와 구조**

정도이며, 콩팥에서 생성된 요는 요관을 거쳐 방광에 모여 요도를 통해 배설된다.

2) 노폐물 처리

인체 내에서는 항상 신진대사가 이루어지고 있다. 섭취된 식사 중 지방과 탄수화물은 체내에서 대사될 때 노폐물을 거의 남기지 않지만, 단백질은 요소, 요산, 크레아티닌 등의 질소를 포함하고 있는 분해산물을 생성한다. 콩팥은 이러한 질소대사산물과 음식물이나 호흡을 통해 체내로 들어온 유해물질을 제거해서 혈액을 깨끗이 하는 작용을 한다.

3) 체액 조절

콩팥은 소변의 생성과 배설을 조절함으로써 체액의 항상성을 유지한다. 인체 내 수분은 단순한 물이 아니라 포도당, 단백질, 지방, 나트륨, 칼륨, 칼슘, 마그네슘 등 여러 가지 성분이 녹아 있는 용액이다. 이러한 성분들은 체액을 산성과 알칼리성으로 만들 수 있다. 그러나 체세포는 일정한 pH 조건을 벗어난 산성이나 알칼리성에서는 생존할 수 없다. 이때 콩팥은 음식 섭취로 인해 생긴 여분의 염분이나 수분을 배출해서 산-알칼리 평형을 조절한다.

4) 혈액 생성 호르몬 분비

콩팥은 적혈구의 생성과정에 중요한 역할을 하는 조혈호르몬인 에리트로포이에틴 (erythropoietin)을 분비한다. 에리트로포이에틴은 골수에 작용하여 적혈구의 생산을 촉진시킨다.

5) 혈압 조절

콩팥은 혈압을 조절하기 위해 승압호르몬의 기반이 되는 효소인 레닌(renin)을 분비한다. 레닌은 혈액 중의 단백질에 작용하여 혈압을 상승시키는 작용을 하는 안지오텐신 II(angiotensin II)를 만든다. 한편, 콩팥은 프로스타글란딘(prostaglandin)을 생성하는데 이는 혈압을 내리는 작용이 있는 것으로 알려져 있다.

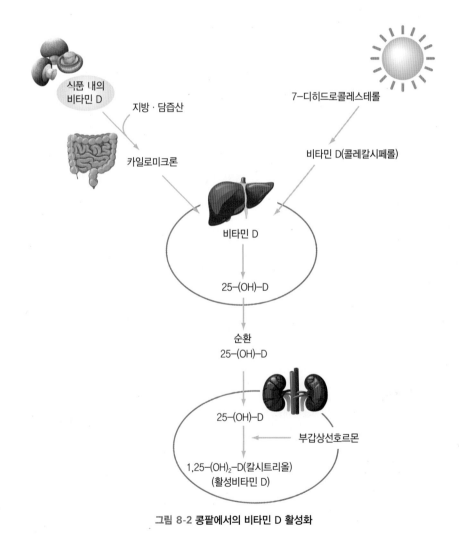

그림 8-2 콩팥에서의 비타민 D 활성화

6) 비타민 D의 활성화

장관에서 칼슘의 흡수를 촉진시키고, 칼슘을 뼈에 침착시키기 위해서는 비타민 D가 필요하다. 비타민 D가 이러한 작용을 하기 위해서는 간과 콩팥을 걸쳐 활성화되어야 한다 그림 8-2 .

2. 콩팥질환의 일반적 증상

1) 요의 이상

(1) 빈뇨

정상인에 비해 배뇨 횟수는 많지만 1회의 요량은 적은 것을 말한다. 정상인의 배뇨 횟수는 1일 7~8회, 배뇨량은 1일 평균 1,500mL 정도이다. 빈뇨 시 하루 요 배설량은 500mL 이하이며, 하루 200mL 이하인 경우는 무뇨라 한다 그림 8-3 .

(2) 다뇨

다뇨는 콩팥의 요 농축력이 저하될 때 나타나는 현상으로 대체로 콩팥의 기능이 만성적으로 저하되는 만성콩팥병에서 나타난다. 요 농축력이 약해져 요의 색깔이 엷고 요 배설량이 증가한다.

(3) 탁뇨

요 속에 세균이 많거나 적혈구, 백혈구가 녹아 있을 때나 요 속에 염분이 많은 경우 나타난다. 방광염, 급성신우콩팥염, 콩팥결핵 등에서 볼 수 있다.

(4) 혈뇨

요에 피가 섞여 나오는 것으로 사구체의 모세혈관 출혈, 결석이나 세균감염에 의한 요로 출혈, 콩팥 및 요로계의 암에 의한 출혈 등으로 나타난다.

(5) 단백뇨

정상인의 요 중 단백질은 하루 150mg 미만이다. 성인의 경우 하루 150mg 이상의 단백질이 소변에서 배설되는 경우를 단백뇨라고 하며, 신증후군에서는 하루 3.5g 이상의 심한 단백뇨를 나타내기도 한다. 사구체 부위의 이상으로 사구체가 단백질을 통과시키거나, 세뇨관의 이상으로 세뇨관이 단백질을 재흡수하지 못하면 요 중으로 단백질이 배출된다.

2) 부종

주로 체외로 배설되어야 할 요가 체내에 체류하는 증세로, 각 질환에 따라 부종의 증세가 다르게 나타난다.

(1) 급성사구체 콩팥염

주로 얼굴, 눈꺼풀이나 전신, 특히 몸의 위치가 낮은 곳에서 보이며 안색이 창백하다.

부종 혈뇨

고혈압 고잔여 질소혈증

단백뇨 다뇨, 빈뇨

그림 8-3 **콩팥병의 일반적 증상**

(2) 만성사구체 콩팥염

갑자기 발생되지 않고 조금 부은 듯하다가 심해진다. 특히 운동이나 식염을 과잉 섭취한 후 심해진다. 요의 양이 줄어들고 하지나 전신에 권태감이 생긴다.

(3) 신증후군

콩팥질환 중 부종의 정도가 가장 심하다. 특히 얼굴·손·복부 등에서 나타나기도 하고, 전신부종 등의 증상을 보인다.

3) 고혈압

콩팥질환에 의한 고혈압은 신성고혈압으로, 이는 콩팥으로 들어오는 혈류량의 감소 및 사구체 여과량 감소와 관계가 있다. 급성사구체 콩팥염에서는 혈압이 급격히 높아지고, 만성사구체 콩팥염에서는 혈압이 서서히 상승한다. 일반 본태성 고혈압의 경우 얼굴이 붉어지는 데 비해 신성고혈압은 안색이 창백하고 빈혈을 동반한다.

4) 빈혈

만성콩팥병의 경우 조혈호르몬인 에리스로포이에틴이 충분히 만들어지지 않아 빈혈이 유발된다.

5) 혈중 질소화합물의 증가

음식에서 섭취된 단백질의 질소 성분은 약 70~80%가 콩팥에서 배설되고, 그 나머지가 대변이나 피부를 통해 배출된다. 콩팥질환 시에는 질소 성분을 배설하는 능력이 저하되어 혈중 질소화합물이 증가한다.

3. 콩팥질환의 일반적 식사요법

콩팥질환의 치료법은 크게 나누어 안정과 식사요법, 약물요법, 투석요법으로 볼 수 있다. 식사요법의 목적은 우선 콩팥의 부담을 줄이고, 콩팥 기능의 장애로 인해 체외로 손실된 영양소를 보충하며, 마지막으로 체내에 비정상적인 축적을 유발하는 식품의 섭취를 제한하는 것이다.

1) 탄수화물

탄수화물은 체내에서 분해되면 탄산가스와 물로 되어 콩팥에 부담을 주지 않고, 또 체내 단백질의 분해를 막기 때문에 주요한 열량원이 될 수 있다.

2) 지방

지방은 탄수화물과 같이 정상적으로 대사되면 탄산가스와 물이 되므로 주요 열량원이 될 수 있다. 그러나 당뇨병과 같은 합병증을 동반하여 케톤체를 발생시키거나 신증후군 등에 의한 이상지질혈증의 가능성이 있을 경우, 동맥경화증 등이 의심되는 경우에는 조절이나 제한이 필요하다.

3) 단백질

콩팥 기능이 저하되면 단백질의 대사물질이 혈중에 축적되어 고질소혈증 또는 요독증을 유발하게 된다. 따라서 콩팥기능 저하로 이러한 잔여물질의 배설에 장애가 있는 경우에는 단백질의 제한이 필요하다. 그러나 신증후군과 같이 소변으로 다량의 단백질이 배설되어 혈장 단백질(특히 알부민)이 감소하는 저단백혈증의 경우에는 양질의 단백질을 적정량 섭취한다.

4) 나트륨

대부분의 콩팥질환에서 요의 감소와 함께 나트륨의 배설이 감소하고, 체내에 축적되어 부종, 고혈압의 원인이 된다. 따라서 부종이나 고혈압 증세가 있는 경우에는 소금과 짠 음식 등을 엄격히 제한하고 또 그런 증상이 없어도 과잉 섭취하지 않도록 주의한다.

5) 칼륨

칼륨은 주로 소변을 통하여 배설되므로 소변량에 따라 칼륨의 섭취량을 조절한다. 콩팥 기능 저하로 칼륨이 배설되지 않아 고칼륨혈증이 있을 때는 칼륨의 섭취를 제한한다. 그러나 콩팥질환 치료 시 이뇨제나 스테로이드제를 사용하는 경우에는 칼륨이 다량으로 배설되어 저칼륨혈증이 나타날 수 있으므로 칼륨이 부족하지 않도록 한다.

(1) 저칼륨혈증

저칼륨혈증을 개선시키기 위해 식품으로는 칼륨 함량이 높은 식품을 공급한다. 식품 중에 칼륨은 대체로 골고루 분포되어 있으며, 특히 채소와 과일류에 함량이 높다 표 8-1 .

표 8-1 **칼륨이 많은 식품**

구분	식품의 종류
곡류	도정이 덜 된 곡류 및 잡곡(예 현미, 검은 쌀, 보리, 녹두, 율무, 수수, 차조, 팥, 호밀, 메밀), 시루떡, 고구마, 감자, 토란, 옥수수, 팝콘, 은행 등
콩류	검정콩, 노란콩 등
채소류	줄기와 껍질이 두꺼운 생채소 등
지방	땅콩, 땅콩버터, 아몬드, 잣, 호두, 해바라기씨, 피스타치오 등
과일류	곶감, 건포도, 바나나, 참외, 천도복숭아, 토마토, 방울토마토, 앵두, 키위, 멜론, 오렌지, 오렌지주스 등
열량 급원	초콜릿, 황설탕, 흑설탕 등
기타	소금 대용품, 커피, 익히지 않은 어육류 등

식품의 칼륨 함량을 줄이기 위한 조리법

1. 채소류는 껍질이나 줄기를 제거하고 잎만 사용한다.
2. 과일은 항상 껍질을 벗겨 먹도록 하고, 생과일보다는 통조림과일을 선택한다(이때 통조림의 시럽은 먹지 않는다).
3. 재료의 크기는 되도록 잘게 썰어 물에 담가 둔다.
4. 데치거나 삶을 때 물을 되도록 많이 사용하고 삶은 뒤 헹구어 낸다.

(2) 고칼륨혈증

고칼륨혈증이 나타나는 경우에는 칼륨 섭취량을 제한하도록 한다. 식품에 포함된 칼륨 및 염화칼륨, 소금 대용품을 사용하지 않도록 한다.

6) 수분

콩팥질환 시에는 체중의 변화, 부종 정도와 요량을 기준으로 수분의 섭취량을 조절한다. 무뇨나 핍뇨로 부종이 나타나면 수분을 제한하고, 세뇨관 재흡수의 장애로 다뇨가 나타나는 경우에는 수분을 제한하지 않는다. 수분을 제한해야 할 때는 전일의 소변량에 500~600mL 정도를 더하여 섭취한다.

4. 콩팥질환별 식사요법

1) 급성콩팥손상

(1) 원인

급성콩팥손상은 외상, 약물 오남용, 수술 후 패혈증 등에 의해 갑작스럽게 일어나며 노폐물을 배설하고 체내의 환경을 일정하게 유지하는 콩팥 기능이 급격히 떨어져 나타난다.

(2) 증상

식욕부진, 부종, 수분중독이 나타나기 쉽고 환자의 2/3 정도가 하루 소변량이 500mL 미만을 보이는 핍뇨를 나타낸다. 핍뇨 시기는 보통 1~2주 정도지만 드물게 40여 일이 넘도록 지속될 수도 있다. 합병증으로는 요독증, 고혈압, 고칼륨혈증, 심부전, 빈혈, 칼슘 대사와 관련된 골연화증 등이 있다.

(3) 식사요법

콩팥 이외의 원인에 기인한다면 그 원인을 제거해야 하며, 콩팥 내부에 원인이 있다면 안정 및 보온과 함께 영양관리를 통해 콩팥 기능을 회복하고 합병증을 예방하여야 한다.

- **열량**　충분히 섭취해야 하며, 체중 1kg당 35~40kcal가 권장된다. 열량은 주로 탄수화물과 지방을 통하여 섭취한다.
- **단백질**　핍뇨기에는 건체중 kg당 0.6g 미만으로 단백질의 섭취량을 제한하고, 이뇨기와 회복기에는 건체중 kg당 0.6~0.8g 정도를 섭취한다. 혈액투석을 하게 되면 체중 1kg당 1.0~1.4g 정도의 단백질이 필요하다. 콩팥 기능이 정상으로 돌아오고 안정상태가 되면 건체중 kg당 0.8~1.0g 정도를 섭취한다.
- **식염**　엄격히 제한한다.
- **수분**　전날의 요량에 500~600mL를 더한 정도의 양으로 수분의 섭취를 제한한다.
- **칼륨**　콩팥에서의 칼륨 배설이 감소하여 고칼륨혈증이 나타날 수 있으므로 1일 1,500~2,000mg 정도로 섭취를 제한한다. 이뇨기에는 소변량, 혈청 칼륨농도, 칼륨의 배설량에 따라 칼륨의 섭취를 조절한다.

2) 만성콩팥병

(1) 원인

급성콩팥손상 이후 콩팥 기능이 정상으로 회복되지 못하거나 또는 정상적인 기능을 다 할 수 있는 네프론의 수가 감소하여 요독증이 나타난 상태이다. 만성콩팥병이 진행되는 과정은 콩팥 기능 장애 정도에 따라 5기로 분류된다 표 8-2 . 마지막 단계에서는 투석이나 콩팥이식 등의 대체요법을 실시하지 않으면 사망에 이를 수 있다.

표 8-2 **콩팥병의 진행 단계**

구분	제1단계	제2단계	제3단계	제4단계	제5단계
콩팥 기능	정상의 80%	정상의 50%	정상의 20~25%	정상의 20% 미만	정상의 10% 미만
사구체여과율 (mL/분/1.73m^2)	≥90 정상 또는 증가	60~89 경도 저하	30~59 중증도 저하	15~29 고도 저하	<15 신부전
증상	• 증상 없음	• 환자가 증상을 느끼지 못함	• 고질소 혈증 • 혈액 요소와 크레아티닌 약간 증가	• 핍뇨 • 부종 • 대사성산혈증 • 저칼슘혈증	• 핍뇨/무뇨 • 요독증
관리/치료	• 추적 관찰	• 추적 관찰 • 혈압 조절 • 위험요인 조절	• 추적 관찰 • 혈압 조절 • 위험요인 조절	• 신장전문의 진료 • 신대체요법 준비	• 신대체요법 (투석)

출처 : KDIGO CKD work group, Kidney Int 3s: pp.1~150; 황원민(2016). 2016년 대한내과학술대회. pp.54~57.

(2) 증상

환자의 1/3이 병이 상당히 진행되기까지 거의 자각증세를 느끼지 못한다. 콩팥병이 진행되면 부종, 호흡곤란, 구토, 메스꺼움, 식욕부진, 어지럼증, 전신권태, 요독증, 빈뇨, 고질소혈증, 고혈압, 고칼륨혈증, 고인산혈증, 저칼슘혈증, 대사성 산독증, 빈혈, 가려움증, 골관절 이상 등 전신에 걸쳐서 다양한 증상이 나타난다.

(3) 식사요법

기본적으로 고열량, 저단백, 저염식으로 고질소혈증의 개선과 콩팥병의 진행을 예방하는 식사관리를 철저히 해야 한다.

- **단백질**　질소노폐물 축적으로 인한 요독증을 피하면서 단백질 부족으로 인한

투석이란?

투석은 콩팥이 노폐물을 걸러내는 기능을 정상적으로 하지 못할 때 콩팥을 대체하여 기계나 약물 등을 이용해서 혈액을 걸러내는 것을 말한다. 건강한 콩팥은 노폐물을 걸러내고, 우리 몸에 필요한 영양소를 재흡수하는 등 정밀한 조정이 가능하나 투석 시에는 체내에 필요한 영양소도 걸러질 수 있기 때문에 투석을 하는 환자의 식사요법은 이렇게 소실되는 영양소에 대한 고려가 필요하다.

1. 혈액 투석
말기 콩팥병 환자에게 시행되는 신대체요법의 하나로 환자의 혈액이 특수한 관을 타고 체외로 나와서 특수한 필터(투석 시)를 통해 노폐물 및 수분이 걸러진 후 체내로 다시 주입되는 치료방법이다.

2. 복막 투석
혈액 투석과 더불어 말기 콩팥병 환자에게 시행되는 신대체요법의 하나로 환자 자신의 복막을 이용하여 투석하는 방법이다. 환자의 복부에 특수 제조된 부드러운 관을 삽입하여 이 관을 통해 투석액을 주입하고 배액함으로써 노폐물과 수분 등을 제거한다.

궁금해요

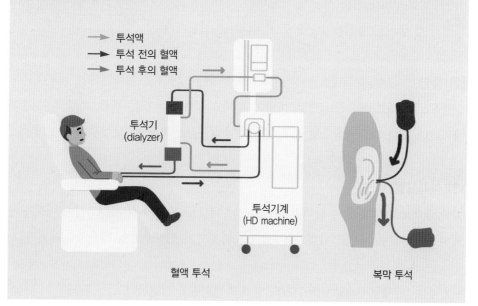

→ 투석액
→ 투석 전의 혈액
→ 투석 후의 혈액

투석기
(dialyzer)

투석기계
(HD machine)

혈액 투석　　　　　　　　　　복막 투석

영양불량을 피하는 수준으로 한다. 투석 전 만성콩팥병 환자는 건체중 1kg당 0.6~0.8g 정도의 단백질을 섭취한다.

- **열량** 탄수화물과 지방으로 적정한 열량(건체중 kg당 35kcal)을 섭취한다.
- **나트륨** 섭취를 제한하여 부종을 예방하고, 혈압을 조절한다.
- **칼륨** 일반적으로 1일 소변량이 1L가 넘으면 칼륨을 제한하지 않으나, 소변량이 급격히 감소하면 칼륨 섭취를 제한한다.
- **인** 만성콩팥병 환자는 혈액의 인 수치를 정상으로 유지하기 위해 인 섭취를 하루에 800~1,200mg 정도로 제한한다.
- **수분** 일반적으로 수분을 지나치게 제한할 필요는 없으나, 소변량이 줄어들고 부종과 복수가 생기면 전날의 요량에 500~600mL를 더한 정도의 양으로 수분의 섭취를 제한한다.

3) 신증후군

(1) 원인
신증후군(nephrosis)은 사구체 모세혈관 기저막의 손상으로 사구체 투과도가 증가하여 혈액 중의 단백질이 소변으로 빠져나가는 질환이다.

(2) 증상
신증후군의 대표적인 증상으로 다량의 단백뇨와 저단백혈증, 부종, 이상지질혈증이 나타난다. 또한 자각증상으로 부종, 핍뇨와 오심, 구토, 복통 등 복부증상이 있다.

(3) 식사요법
심한 단백뇨로 혈액 중의 단백질 손실이 계속되므로 부종이 심하고 조직 단백질이 분해되어 영양불량 증세가 나타날 수 있으므로 부종과 영양불량을 개선하도록 한다.

- **단백질** 건체중 1kg당 0.9~1.0g의 양질의 단백질을 섭취한다.

- **열량** 건체중 1kg당 35kcal로 충분히 공급하여 단백질이 체조직 합성에 사용되도록 하고 체조직 단백질이 열량원으로 분해되지 않도록 한다.
- **지방** 신증후군으로 인한 혈중 지질 이상을 조절하기 위해 지방 섭취에 주의한다. 총 지방량은 총 열량의 20~25% 정도로 하고, 콜레스테롤은 1일 300mg 미만으로 한다.
- **나트륨** 부종의 정도에 따라 하루 500mg 이하로 제한하고 부종이 심하면 무염식을 하나 부종이 사라지는 회복기나 이뇨제를 사용할 때에는 식염을 하루에 3~5g까지 늘린다.

4) 콩팥결석

(1) 원인

요 성분은 쉽게 침전을 만들어서 결석을 형성한다. 콩팥결석은 일반적으로 남성에게 많고 활동적인 20~40세에 발병률이 높으며 결석의 크기는 모래알부터 매실만한 것까지 다양하다.

콩팥결석의 종류에는 칼슘인산염결석, 칼슘수산염결석, 요산결석, 시스틴결석이 있고 이것들은 다시 산성과 알칼리성으로 구분된다. 콩팥결석의 75~80%는 칼슘결석이고, 나머지 15~20%가 요산과 시스틴 결석이다.

(2) 증상

결석이 움직이면 심한 통증이 일어나며 콩팥, 허리, 방광까지 아프고 혈뇨를 보이기도 한다. 일반적으로 통증, 발열, 구토, 식은땀 등의 증상이 나타난다.

(3) 식사요법

콩팥결석이 나타나면 구강을 통한 충분한 수분공급이 가장 중요하다. 수분은 요 중 결정물질의 용해와 배설을 촉진시키고 새로운 결정의 생성을 막는다. 결석의 종류에 따른 식사관리 방법은 다음과 같다 그림 8-5 .

칼슘결석

- 칼슘이 많은 유제품(⬛예 우유, 치즈, 연유, 아이스크림), 해조류, 멸치 등의 식품을 제한한다.
- 필요 이상의 비타민 D 섭취는 피한다.
- 1일 3,000mL 이상의 충분한 수분을 섭취한다.
- 과량의 나트륨, 동물성 단백질, 설탕의 섭취를 피한다.
- 식이섬유를 충분히 섭취한다.

수산결석

- 수산이 많은 식품을 피한다. 녹색채소 중 시금치, 아스파라거스와 초콜릿, 코코아, 카레, 무화과, 홍차, 후추, 자두 등에 수산이 많으므로 섭취를 금한다.
- 과량의 비타민 C는 수산으로 전환되므로 비타민 C 보충제의 섭취를 피한다.
- 수분을 충분히 섭취한다.

| 시금치 | 아스파라거스 | 무화과 | 커피·홍차 | 초콜릿 | 코코아 |

그림 8-4 수산 함량이 높은 식품

요산결석

- 요산의 전구체인 퓨린의 섭취를 제한한다 표 8-3 .
- 식사 내 퓨린 함량을 조절하기 위해 육류, 어류, 두류 섭취량에 주의한다.
- 과다한 지방 섭취를 피한다.
- 혈중 요산을 증가시킬 수 있는 알코올의 섭취를 피한다.
- 산성의 결석이므로 알칼리성 식품인 과채소의 섭취를 증가시킨다 표 8-4 .
- 수분을 충분히 섭취한다.

표 8-3 식품 중 퓨린 함량

적은 식품(0~15mg)	중간 식품(50~150mg)	많은 식품(150~180mg)
• 달걀, 치즈, 우유 • 곡류(오트밀, 전곡 제외), 빵 • 채소(시금치, 버섯, 아스파라거스를 제외한 대부분의 채소) • 과일류	• 육류, 가금류, 생선류, 조개류 • 콩류(예 강낭콩, 잠두콩, 완두콩, 편두류) • 채소류(예 시금치, 버섯, 아스파라거스)	• 내장 부위(예 심장, 간, 자라, 콩팥, 뇌, 혀) • 육즙, 거위, 생선류(예 정어리, 청어, 멸치, 고등어, 가리비 조개)
※ 제한 없이 섭취할 수 있음	※ 회복 정도에 따라 소량 섭취할 수 있음	※ 급성기인 경우, 증세가 심할 경우 섭취할 수 없음

표 8-4 산성 식품과 알칼리성 식품

구분	산성 식품	알칼리성 식품
곡류	대부분의 곡류 및 빵류 (특히 전곡으로 만든 것)	밤
고기, 생선, 달걀, 콩류	고기, 생선, 달걀, 콩류	–
채소류	–	모든 채소
과일류	크랜베리, 서양자두	대부분의 과일
우유, 유제품	치즈	우유, 요구르트, 크림
유지류	땅콩, 호두	아몬드, 코코넛

칼슘결석
우유, 유제품,
해조류, 멸치,
검정콩,
과량의 비타민 D

수산결석
시금치,
아스파라거스,
초콜릿, 코코아,
카레, 무화과, 홍차,
호두, 자두

요산결석
육류의 내장,
육즙, 거위,
정어리, 청어, 멸치,
고등어, 가리비, 조개

그림 8-5 콩팥결석의 종류별 제한식품

만성콩팥병

1,906kcal　　**Point**　　1. 모든 음식의 간은 싱겁게 한다.
　　　　　　　　　　　　2. 모든 채소는 껍질을 벗기거나 단단한 부위를 제거한 후 사용한다.

삼색냉채　　　양송이볶음

깍두기　　**아침**
　　　　464kcal　　　부추전

쌀밥　　　콩나물국

우유　　**간식**
　　　203kcal

배

무생채　　　깻잎나물

열무김치　　**점심**
　　　　736kcal　　삼치구이

보리밥　　　콩비지찌개

호박나물　　　감자야채볶음

깍두기　　**저녁**
　　　　503kcal　　두부조림

쌀밥　　　시금치콩나물국

출처 : 승정자 외(2005). 칼로리핸드북.

신증후군

1,909kcal　　**Point**　　1. 모든 음식의 간은 싱겁게 한다.
　　　　　　　　　　　　　2. 모든 채소는 껍질을 벗기거나 단단한 부위를 제거한 후 사용한다.

양배추샐러드　　냉이나물

아침
586kcal

배추김치　　갈치무조림

쌀밥　　감잣국

바나나

간식
121kcal

토마토

무생채　　부추전

점심
687kcal

깍두기　　쇠고기장조림

찰밥　　미역오이냉국

달래무침　　미역줄기볶음

저녁
515kcal

무초절이　　임연수어구이

쌀밥　　쇠고기뭇국

출처 : 승정자 외(2005). 칼로리핸드북.

암

암은 현대 사회에서 인류의 생명과 복지를 위협하는 가장 중요한 위험요인 중 하나이다. 현재 우리나라 사망원인의 1/4 이상을 차지하는 암은 발병 전에 바른 식생활과 생활습관으로 예방하는 것이 최우선이며, 발병 후 치료에 있어서도 올바른 식생활과 적절한 영양 공급이 매우 중요하다. 본 장에서는 암의 예방과 관리를 위한 식생활 관리방법을 이해하자.

암

1. 암

1) 암의 정의 및 특성

암은 인체의 세포 조직이 무절제한 분열 증식을 통해 과잉 성장하여 발생하는 악성 종양을 말한다. 정상적인 세포는 신체가 필요한 만큼 정상적인 속도와 크기로 만들어 지지만, 세포의 성장이 조절되지 않거나 정상적으로 분화하지 않고 계속 성장하는 것을 종양(tumor)이라 한다. 양성종양은 비교적 천천히 성장하고, 전이하지 않으며 제거하여 치유시킬 수 있는 종양이며, 악성종양은 빠르게 성장하고, 체내 각 부위에 전이되어 생명에 위험을 초래할 수 있는 종양이다. 암 세포는 정상 세포와 비교할 때 모

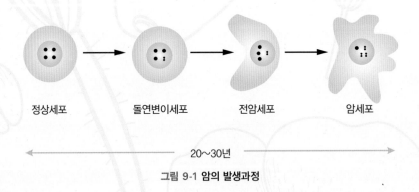

정상세포 → 돌연변이세포 → 전암세포 → 암세포

← 20~30년 →

그림 9-1 암의 발생과정

양이 불규칙하고 핵의 크기도 매우 다양하며, 빠르게 분열하여 필요한 영양소를 모두 고갈시킨다.

암의 발생 과정은 세포 변이, 변이가 일어난 세포의 분열, 암조직 생성의 세 단계로 나뉜다 그림 9-1 . 일반적으로 이 과정은 10년 이상이 소요되는 것으로 보이고, 각각의 단계는 체내 방어기전 및 식품 성분들에 의해 촉진 또는 저해될 수 있다.

2) 발생 양상

한국인 사망원인 중 1위는 암(악성신생물)으로 전체 사망자의 27.5%가 암으로 사망했다(2019년 사망원인통계) 표 9-1 . 암종별 발생 현황을 보면 위암, 갑상선암, 폐암, 대장암, 유방암, 간암, 전립선암 등의 순으로 많이 발생하는 것으로 나타났다(2018년 암등록통계). 또한 성별로 구분하여 보면 남자의 경우 위암, 폐암, 대장암, 전립선암, 간암 순이었고, 여자의 경우 갑상선암, 유방암, 대장암, 위암, 폐암 순이었다. 암 발생 현황에서 과거 10년간의 변화를 보면 위암, 대장암, 간암, 자궁경부암의 발생률은 감소 추세를 보이고 있으며, 유방암, 전립선암, 췌장암은 발생률이 증가하는 추세이다 표 9-2 . 이러한 암 발생 양상의 변화는 대부분 식습관의 변화와 매우 밀접한 관련성을 가진다.

표 9-1 주요 질환별 사망원인 순위 추이(단위 : 인구 10만 명당, 명)

사망원인 \ 연도	2010	2013	2017	2019
사망자 수	512.0	526.6	557.3	574.8
암	144.4	149.0	153.9	158.2
심장질환	46.9	50.2	60.2	60.4
뇌혈관질환	53.2	50.3	44.4	42.0
폐렴	14.9	21.4	37.8	45.1
당뇨병	20.7	21.5	17.9	26.9
만성하기도질환	14.2	14.0	13.2	13.1
간질환	13.8	13.2	13.3	12.7

출처 : 통계청(2020). 2019년 사망원인통계.

표 9-2 **주요 암종별 연령표준화 발생률 추이(2008~2018)** (단위 : 인구 10만 명당, %)

	연도	모든 암	위암	대장암	간암	췌장암	폐암	유방암	자궁암	전립선암	갑상선암
전체	2008	293.1	44.3	36.1	24.7	6.6	28.7	21.7	9.4	9.8	48.4
	2018	290.1	31.6	29.6	16.7	7.6	28.0	32.9	9.6	14.7	48.9
	증감률	−1.0	−28.7	−18.0	−32.4	▲15.2	−2.4	▲51.6	▲2.1	▲50.0	▲1.0
남자	2008	334.2	66.2	48.4	40.6	8.6	48.5	0.3	−	23.7	15.5
	2018	306.1	45.5	38.6	27.0	9.0	42.5	0.2	−	32.0	23.2
	증감률	−8.4	−31.3	−20.2	−33.5	▲4.7	−12.4	−33.3	−	▲35.0	▲49.7
여자	2008	275.1	26.9	26.2	10.9	5.0	14.6	42.9	18.5	−	81.5
	2018	288.5	19.6	21.8	7.4	6.5	16.8	65.6	19.0	−	75.5
	증감률	▲4.9	−27.1	−16.8	−32.1	▲30.0	▲15.1	▲52.9	▲2.7	−	−7.4

출처 : 보건복지부·중앙암등록본부·국립암센터(2021). 국가암등록사업 연례보고서(2018년 암등록통계).

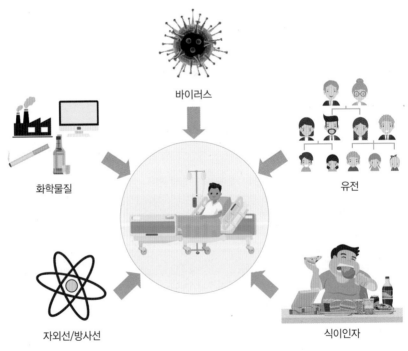

그림 9-2 **암의 발생 원인**

3) 발생 원인

암의 발생은 유전적 요인, 환경적 요인, 면역학적 요인으로 나뉘며, 암의 약 70% 정도는 흡연, 음주, 만성감염, 음식 등의 환경적 요인에 의해 발생할 수 있다 그림 9-2 . 이 중 방사선 노출, 자외선, 환경오염물질 및 식이성분 등은 우리가 일상생활에서 조절할 수 있는 요인이다.

2. 식생활과 암

식이는 암 발생의 중요한 요인으로, 전체 암의 35% 정도가 식이에 의해 유도된다. 그 중 지방 섭취의 과다, 식이섬유의 섭취 부족, 항산화 영양소의 섭취 부족 등이 암 발생과 관련있는 것으로 나타나고 있으며, 종별 암의 발생과 관련된 식생활 요인은 표 9-3 에 제시하였다.

1) 지방

총 지방, 특히 동물성 지방의 과잉 섭취는 대장암, 유방암 및 전립선암, 담낭암 등의 발생을 증가시킨다고 밝혀졌다. 특히, 지방 함량이 높고 식이섬유의 함량이 낮은 서구형 식사 형태가 암의 발생 위험을 높이는 것으로 나타났다. 그러나 생선류의 섭취는 대장암 발생 위험을 낮추는 것으로 나타났는데, 이는 생선에 ω-3 지방산의 함량이 높

열량 섭취량이 많으면 암에 잘 걸리나요?

다수의 동물 실험에서 과도한 열량 섭취는 수명을 단축시킬 뿐 아니라 암조직의 발생을 증가시키는 것으로 나타났다. 쥐에게 발암물질을 투여한 후 열량을 40%까지 제한한 경우 암조직 생성률이 급격히 감소했고, 사람의 경우도 열량 섭취량, 체중, 신장, 체질량지수는 다수 부위의 암 발생과 밀접한 상관관계가 있음이 많은 연구결과에서 밝혀졌다. 특히 여성의 경우 비만군에서 여성 호르몬과 관련된 부위의 암인 유방암과 자궁내막암 등의 발생률이 정상체중을 가진 여성에 비해 높은 것으로 나타났다.

궁금해요

표 9-3 종별 암의 발생과 관련된 식생활 요인

암종	식이요인
유방암	• 과음 • 채소와 과일의 적은 섭취 • 고지방식
대장암/직장암	• 고지방식 • 저섬유식 • 과음
폐암	• 베타-카로틴의 적은 섭취 • 채소와 과일의 적은 섭취
자궁암/난소암	• 고지방식 • 고열량(비만) • 채소와 과일의 적은 섭취
전립선암	• 고지방식
췌장암	• 채소와 과일의 적은 섭취
위암	• 훈연식품과 절임식품의 과다 섭취 • 채소와 과일의 적은 섭취
간암	• 아플라톡신을 함유한 곡류의 섭취 • 훈연식품과 절임식품의 과다 섭취 • 과음
구강암/식도암	• 과음 • 채소와 과일의 적은 섭취

기 때문인 것으로 보인다.

2) 식이섬유

고지방, 저식이섬유식이 대장암과 직장암의 발생을 촉진시킬 수 있는 것으로 밝혀졌고, 수용성 식이섬유의 암 예방 효과도 계속적으로 보고되고 있다. 식이섬유는 대장 건강과 관련하여 장내 통과시간을 단축시켜, 장 상피세포의 발암물질과의 노출시간을 감소시키는 효과가 있다.

3) 항산화 영양소 및 비영양화합물

식물성 식품에는 식이섬유뿐만 아니라 항산화 영양소 및 각종 비영양화합물들이 함유되어 있는데, 식물성 식품의 섭취 증가와 암의 발생률 감소와의 관련성이 밝혀지고 있다. 특히 채소와 과일 등에 풍부한 비타민 A, 비타민 E, 베타-카로틴, 비타민 C 등의 항산화 영양소가 항암효과를 가지고 있는 것으로 나타났다 그림 9-3. 베타-카로틴과 비타민 E는 위암의 발생을 저하시키고, 비타민 A는 유방암 예방 효과를 나타낸다.

4) 발암 관련 식품 내 성분

가열조리된 육류에 존재하는 헤테로사이클릭아민(heterocyclic amine) 화합물들과 소금에 절인 생선 등에 존재하거나 가공육의 발색제로 사용되는 질산(nitrate)을 섭취 시 체내에서 생성되는 니트로조(nitroso) 화합물들은 암 발생과 관련이 있는 것으로 알려져 있다. 특히 육류를 직화로 가열하는 경우 헤테로사이클릭아민 화합물의 양이 증가한다. 한편 다수의 역학 조사에서 아질산과 아민의 결합물질인 니트로조아민

채소와 과일의 섭취가 암 발생을 줄이나요?
 궁금해요

대다수의 연구에서 채소 및 과일의 섭취량이 부위에 관계없이 암 예방효과를 가지는 것으로 보고되고 있다. 특히 푸른잎 채소, 겨자과 채소, 마늘과 채소, 당근 등은 탁월한 예방효과가 있었다. 그 효과가 명확히 알려진 식품 내 성분으로는 마늘, 양파 등에 함유된 황화 알릴류(allyl sulfide), 양배추, 브로콜리, 케일 등에 함유된 인돌(indole) 화합물, 다양한 채소에 함유된 플라보노이드 화합물, 카레분에 함유된 커큐민(curcumin) 등이다. 한편 녹차, 커피 및 기타 채소들에 존재하는 다양한 항산화물질들 역시 항암제로서의 효과를 갖는 것으로 보인다. 식물성 종자에 함유된 이소플라본 및 스테롤계 화합물들은 호르몬 대사 조절을 통해 유방암 및 전립선암 등을 예방하는 역할을 하는 것으로 밝혀지고 있다.

(nitrosamine)을 함유하고 있는 가공육 또는 소금에 절인 생선의 섭취 증가는 비인두염 및 위암의 발생에 대한 위험요인으로 지적되고 있다. 중국, 일본 및 한국 등에서 서구에 비해 위암 발생률이 높은 것은 소금에 절인 생선, 우리나라의 경우 젓갈의 섭취와 일부 관련이 있는 것으로 보인다.

권장식품   제한식품

그림 9-3 암 예방에 필요한 권장식품과 제한식품

알아가기

암 예방을 위한 수칙

보건복지부와 국립암센터는 2016년 암 예방을 위한 국민 암 예방수칙을 아래와 같이 제시하였다.

- 담배를 피우지 말고, 남이 피우면 담배 연기도 피하기
- 채소와 과일을 충분하게 먹고 다채로운 식단으로 균형잡힌 식사하기
- 음식을 짜지 않게 먹고 탄 음식을 먹지 않기
- 암 예방을 위하여 하루 한두 잔의 소량 음주도 피하기
- 주 5회 이상, 하루 30분 이상 땀이 날 정도로 걷거나 운동하기
- 자신의 체격에 맞는 건강 체중 유지하기
- 예방접종지침에 따라 B형 간염과 자궁경부암 예방접종 받기
- 성 매개 감염병에 걸리지 않도록 안전한 성생활 하기
- 발암성 물질에 노출되지 않도록 작업장에서 안전보건수칙 지키기
- 암 조기검진 지침에 따라 검진을 빠짐없이 받기

3. 암 환자의 영양관리

암 환자는 그 발생 부위와 경과, 치료방법 등에 따라 차이가 있으나 대부분이 영양실조 상태를 수반하게 된다. 영양상태의 개선은 질병의 이환율과 사망률, 환자의 치료효과에 영향을 미치게 되므로 암 환자의 경우 좋은 영양상태를 유지하는 것이 중요하다.

1) 암 치료가 환자의 영양상태에 미치는 영향

암 치료에 사용되는 각종 약물, 방사선 치료 및 수술은 여러 가지 영양문제를 동반하고 많은 경우에 영양소 섭취 장애, 영양소 손실 및 대사변화를 동시에 수반한다. 따라서 암 치료방법에 따른 영양문제를 파악하고 이를 관리하기 위한 식사요법이 요구된다.

(1) 수술

수술은 체조직의 손상 및 대사항진을 초래하고 식욕을 저하시키기 때문에 체중 감소를 야기할 수 있다. 수술 부위에 따라 체내 대사에 미치는 영향은 매우 다양한데, 경두부 부위의 수술은 식품의 섭취 자체를 어렵게 하며, 췌장 절제를 한 경우 소화장애 및 혈당 상승 등을 초래할 수 있다. 또한 간 절제 시에는 수술 후 간기능 저하에 따른 각종 대사 이상이 올 수 있으며, 소장의 상당 부분을 절제하면 영양소 흡수불량으로 인한 영양문제가 초래될 수 있다. 따라서 수술 부위에 따라 적절한 영양 공급방법을 실시해야 한다.

(2) 약물치료

대부분의 항암제는 구토, 메스꺼움, 복통, 설사 등의 부작용을 야기하며, 식품 섭취를 어렵게 한다. 또한 항암제는 종양조직뿐 아니라 정상조직의 세포분열도 억제하게 되며, 부작용으로 변비를 유발할 수도 있다. 일부 약물의 경우 미뢰에 영향을 주어 미각을 변화시키며, 침 분비를 억제하기도 하는데 이럴 경우 입 안이 말라 식사 섭취에 어려움을 겪을 수 있다.

(3) 방사선치료

방사선치료를 하는 경우에는 조사 부위에 세포 손상이 일어나게 되며, 특히 경두부 암과 위암 및 장암을 치료하는 경우에는 구강 및 장 상피세포의 손상이 일어나 식품 섭취 및 영양소 흡수가 저해된다. 세포손상에 의한 문제 이외에도 방사선치료는 흔히 식욕 저하, 정신적 스트레스, 현기증 등을 수반하고 미각의 손상을 일으켜 방사선치료를 받는 환자 대부분이 체중 감소를 경험하게 된다.

2) 암 환자의 영양 관련 문제

(1) 체중 감소

암으로 입원한 환자 중 45% 정도는 약 10% 이상의 체중 감소가 나타난다고 보고된 바 있다. 암 치료 시 단백질 및 지방 분해 증가, 열량 대사 증가, 흡수장애 등의 대사적 문제, 식욕부진, 조기포만감, 오심, 구토 등의 식품 섭취 감소를 유발하는 위장관 요인들, 암 치료에 따른 부작용이 복합적으로 작용하여 체중 감소 현상을 초래하게 된다.

(2) 식욕부진으로 인한 식사 섭취량 감소

식욕부진은 암 환자에게 흔한 증상으로 전체 암 환자의 50%에서 경험하게 된다. 식욕부진으로 인한 식사 섭취량 감소는 암으로 인한 심리적 스트레스, 신체적 변화 및 체내 대사의 변화 등 여러 가지 이유로 나타날 수 있다. 암 환자의 식사량 감소는 영양불량을 유발하여 암 치료 및 관리에 부정적인 영향을 미칠 수 있으므로, 식사 섭취가 감소하는 정확한 원인을 파악한 후 이에 대처해야 한다.

(3) 암 악액질

암 악액질(cachexia)은 지속적인 체중 감소와 식욕부진, 지방조직 및 근육의 쇠퇴, 영양소 대사불균형 등을 초래하는 만성 소모성 복합증후군을 말한다. 암 악액질은 암 환자의 영양상태 저하를 유발하는 주요 요인으로서 암 악액질을 치료하기 위하여 균형잡힌 식사 섭취가 필요하다.

3) 암 치료 시의 영양관리

암 치료 중에는 다양한 원인에 의해 영양상태 저하가 일어나므로, 고열량, 고단백질 식품을 섭취하도록 권한다. 특히 체중 감소가 현저할 때는 적은 양으로 많은 열량을 낼 수 있는 식품을 준비한다. 즉, 음식의 분량을 늘리지 않으면서 고영양식이 될 수 있도록 열량가가 높은 크림, 버터, 마가린, 치즈 등을 사용한다. 정상적인 식사가 가능한 경우에는 1일에 필요한 양을 6회 정도에 나누어 공급하는 것이 바람직하다. 정상식사가 불가능한 경우에는 경관영양 또는 정맥영양 지원이 필요하게 된다.

4) 암 환자의 증상에 따른 영양관리

암 치료에 사용되는 방법들은 환자에게 여러 가지 영양문제를 유발할 수 있기 때문에, 암 환자의 증상에 따라 해당 영양문제를 해결할 수 있는 다양한 영양관리방법이 고려되어야 한다.

(1) 식욕부진이 있는 경우
- 식단은 다양하게 제공한다.
- 소량씩 자주 공급한다.
- 좋아하는 식품이나 음식을 제공한다.
- 식사 사이에 소화하기 쉬운 간식을 제공한다.
- 양이 적으면서 영양밀도가 높은 식품을 제공한다.

(2) 메스꺼움이 있는 경우

- 소량씩 자주 공급한다.
- 먹기 좋고 비교적 위에 부담이 적은 식품을 공급한다.
- 식사를 천천히 하도록 한다.
- 지방이 많거나, 지나치게 달고, 맵고, 짠 음식, 냄새가 강한 음식을 피한다.
- 옷은 몸이 조이지 않도록 느슨하게 입는다.

(3) 구강건조증이 있는 경우

- 식사 중간에 자주 물이나 음료를 한 모금씩 마시게 한다.
- 삼키기 쉽게 하기 위해 음식에 소스나 드레싱을 첨가하여 촉촉하게 한다.

(4) 입과 목에 통증이 있는 경우

- 부드럽고, 수분이 많으며, 씹고 삼키기 쉬운 음식을 제공한다.
- 자극적인 음식이나 음료를 피하도록 한다.
- 음식은 작은 크기로, 부드럽고 연해질 때까지 조리하여 제공한다.
- 음식은 상온으로 제공한다.

(5) 소화불량이 있는 경우

- 반 소화상태의 식품을 공급한다.
- 식욕과 소화액의 분비 촉진을 위해 소량의 자극적인 향신료 사용이 가능하다.
- 소량씩 자주 공급한다.
- 많이 씹고 천천히 섭취하도록 한다.
- 식사 중에는 물을 많이 마시지 않도록 한다.

(6) 흡수불량이 있는 경우

- 저식이섬유, 저지방, 저유당식을 공급한다.
- 필요에 따라 경장영양이나 정맥영양이 이용될 수 있다.

CHAPTER 10

골다공증과 관절질환

골격은 우리 몸을 지지하고, 내장기관을 보호하며, 끊임없이 조직을 생성하고 분해하는 활발한 기관이다. 골격계의 이상은 일상적인 활동에 어려움을 주어 인간의 삶의 질을 저하시키는 요인이 될 수 있다. 골격계 질환은 장기간에 걸친 골대사의 결과로 나타나므로 일생 동안 적절한 영양관리를 통해 질병을 예방하는 것이 중요하다. 본 장에서는 골다공증과 관절질환의 원인, 증상, 식사요법을 이해하자.

골다공증과 관절질환

1. 골다공증

골다공증(osteoporosis)은 뼈에 작은 구멍이 많이 생겨 작은 충격에도 쉽게 골절이 발생하는 질병으로, 골기질(bone matrix)과 골무기질(bone mineral)이 동시에 감소하여 골량(bone mass)이 감소하게 된다 **그림 10-1**. 뼈는 고정되어 있는 것처럼 보이지만 끊임없이 조직을 분해하고 생성하는 대사가 활발하게 일어나는 조직으로 뼈의 생성과 분해의 균형이 골질량을 결정한다. 골손실은 생리적인 현상으로 연령이 증가함에 따라 칼슘을 자연적으로 손실하게 되는데 최대 골량 형성의 부진 및 부적절한 식생활로 인해 골손실이 가속화될 수 있다.

생애주기에 따른 골량의 변화를 살펴보면 20대 중반에서 30대 초반에 일생 중 최대 골량이 형성되고 그 이후는 연령 증가에 따라 골손실이 진행된다. 여성의 경우 폐경 이후 에스트로겐 결핍으로 인해 급격한 골손실이 진행되어 골다공증의 위험이 높아진다 **그림 10-2**.

1) 원인

골손실의 주된 요인에는 폐경, 난소 적출, 마른 체형, 운동부족과 같은 생리적 요인과 칼슘, 비타민 D, 비타민 K, 마그네슘의 섭취 부족과 단백질, 인, 나트륨의 과잉 섭취,

10

골다공증과
관절질환

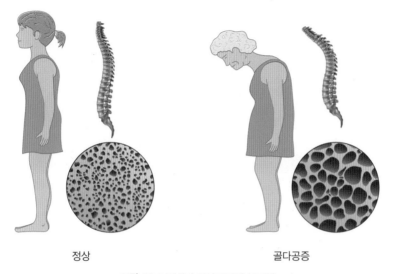

정상 골다공증

그림 10-1 정상과 골다공증의 골조직

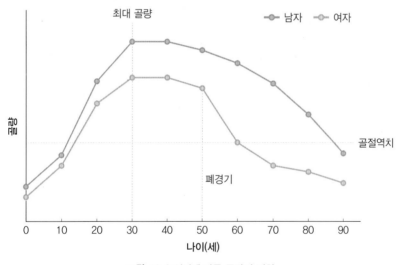

그림 10-2 연령에 따른 골량의 변화

출처 : 대한골대사학회(2018). 골다공증의 진단 및 치료지침.

기타 미량영양소(철, 구리, 망간, 아연, 붕소, 비타민 B_6, 엽산, 비타민 B_{12}, 비타민 A)의
결핍, 알코올, 탄산음료 및 카페인의 과다 섭취 등의 영양적 요인과 흡연, 약물, 유전
적 인자, 만성콩팥병 등이 있다 그림 10-3 .

PART 2 질환별 영양관리   **201**

마른 체형, 운동 부족

Diet!

SOS!!

노화, 폐경

섭취 감소

인
단백질
나트륨

칼슘
비타민 K
비타민 D
마그네슘

섭취 증가

그림 10-3 골다공증 유발요인

2) 증상

골다공증 환자는 골질량이 감소되어 뼈가 치밀하지 못하고 거칠며 작은 구멍이 생겨 작은 충격에도 견디지 못해 쉽게 골절이 발생한다. 골절이 주로 나타나는 부위는 척추, 요골의 하단, 고관절 등이다. 또한 뼈의 변형이 생기며 이러한 변형은 주변의 신경조직과 근육조직에 영향을 주어 통증이 발생한다. 장기간 척추뼈가 눌려 등이 굽어지고, 키가 작아지게 된다.

3) 식사요법

골다공증에서 영양관리의 목표는 더 이상의 골격 손실을 완화 또는 방지함으로써 골절의 가능성을 감소시키는 것이다. 골다공증의 예방과 관리를 위한 식사요법은 다음과 같다.

- 균형 있는 식사로 정상체중을 유지한다.
- 칼슘을 충분히 섭취한다.
- 과다한 단백질의 섭취를 피하고 콩 종류의 식물성 단백질을 충분히 섭취한다.
- 짠 음식을 제한하고 음식을 가능한 싱겁게 섭취한다.
- 콩 및 콩제품을 충분히 섭취한다.
- 과다한 탄산음료의 섭취를 피한다.
- 카페인의 섭취를 제한한다.
- 과다한 알코올 섭취를 피한다.

2. 관절염

관절이란 압축성과 탄성을 가지며 표면에 윤활제를 분비하여 골의 연결 시 마찰을 방지하고 자연스럽게 움직일 수 있도록 해주는 구조물이다. 관절염은 관절에 염증이 생겨 부은 것을 말한다. 노화에 따른 체단백질, 체액 그리고 골밀도의 감소와 체지방의 증가와 같은 체성분의 변화는 신경 내분비 조절, 면역계 조절 그리고 대사에 영향을 주어 염증이 발생하고 관절염으로 진행시킨다. 관절염에는 골관절염과 류마티스 관절염 등이 있다.

1) 골관절염

골관절염은 관절 내의 뼈와 뼈의 완충작용을 하는 연골이 퇴행되어 나타나는 병으로 관절의 통증과 경직을 일으킨다 그림 10-4 . 이 질환은 퇴행성 관절염, 관절증(arthrosis), 골관절증 등으로 불리기도 하며, 주로 고관절(hip), 슬관절(knee), 척추(spine) 등의 부위에 많이 발생한다.

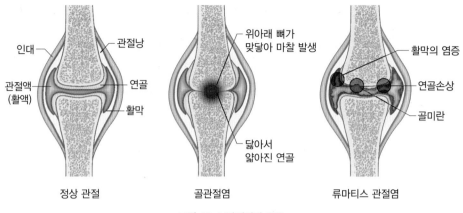

정상 관절   골관절염   류마티스 관절염

그림 10-4 관절염의 종류

(1) 원인

- 노화
- 비만
- 지속적인 관절 연골의 마찰
- 외상
- 스트레스
- 심한 운동
- 하중에 의한 관절의 충격과 손상

(2) 식사요법

- 체중조절을 통해 표준체중을 유지한다.
- 식사를 통해 비타민 B_6, B_{12}, 엽산을 충분히 섭취한다.
- 적당량의 칼슘과 비타민 D를 공급한다.
- 비타민 C, 베타-카로틴, 셀레늄 등 항산화 영양소를 충분히 섭취한다.
- 글루코사민, 콘드로이틴 등을 보충한다.

궁금해요 +

퇴행성 관절염의 약물요법과 대체요법은?

소염제(NSAIDS), 아스피린, 아세타미노펜(acetaminophen), 글루코사민(glucosamine), 콘드로이틴 설페이트 (chodroitin sulfate) 등의 제제와 기름 그리고 고추에서 추출한 캡사이시노이드(capsaicinoide)는 지방산의 수용체로 통증과 염증을 차단해 주는 역할을 하며, 일부 허브도 사용되고 있다.

2) 류마티스 관절염

류마티스 관절염은 골관절염 다음으로 많은 관절질환으로서 관절의 활막에 원인이 잘 알려지지 않은 만성염증이 시작되어 전신에 분포되어 있는 결합조직에 대한 질환으로 이어지는 전신적인 근골격계 증후군이다 그림 10-4 . 류마티스 관절염의 발병률은 전체 인구의 1% 정도이며, 남자보다 여자에게서 3~5배 더 많이 발생하고, 30~40대 연령에서 발병률이 높다. 류마티스 관절염은 처음에 활막의 염증으로 인해 손발이 뻣뻣해지고 관절 부위에 통증, 증상, 변형이 일어나다가 무릎, 손가락 등에 피하 결절까지 나타나고, 결국 관절의 기능을 잃기 때문에 초기에 관절염 진행을 억제하는 것이 중요하다 그림 10-5 .

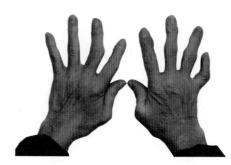

그림 10-5 **류마티스 관절염 환자의 손**

(1) 원인

- 각종 감염
- 호르몬의 불균형
- 염증
- 비타민 결핍
- 면역학적 신체 반응

(2) 식사요법

- 열량 섭취 조절을 통해 정상체중을 유지한다.
- 양질의 단백질, 비타민과 무기질을 충분히 섭취하여 면역기능을 강화한다.
- 엽산, 칼슘, 비타민 A, 비타민 D, 비타민 E, 아연, 비타민 B_6, B_{12}, 셀레늄을 충분히 섭취한다.
- ω-3 지방산이 함유된 생선 기름, 아마씨 기름 등의 섭취를 증가시킨다.

3. 통풍

통풍(gout)은 퓨린(purine) 대사 이상으로 인하여 요산(uric acid)이 과포화되어 결정(crystal)이 만들어진 후 혈액을 통해 연골 관절 주위 조직에 침착되어 급성 관절염 발작을 일으키는 질환이다 **그림 10-6**.

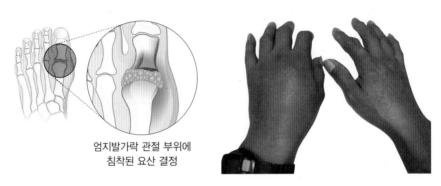

엄지발가락 관절 부위에
침착된 요산 결정

그림 10-6 **통풍**

1) 원인

건강한 사람의 경우 하루에 생성되는 요산이 약 750mg인데 이 가운데 2/3는 소변 중에, 나머지 1/3은 장내로 배설된다. 이와 같은 요산 대사에 있어 요산의 과잉 생성과 배설장애에 의해 통풍이 일어난다. 혈액 중 요산의 농도가 7.5mg/dL 이상이 되면 요산이 뭉쳐져 결정을 이루게 되며 이것이 관절염을 일으킨다.

2) 증상

통풍의 진행 과정 초기에는 고요산혈증이 유발되고 관절염 증상과 비슷한 발작 증세를 일으키는 심한 통증을 느끼게 된다. 통풍의 발작은 야간에 갑자기 일어나고 한쪽 발가락 관절에 격통을 일으켜서 붉게 변하고 부어오르며 발열이 수반된다.

3) 식사요법

요산을 줄이기 위해 퓨린 함량이 높은 식품을 제한하고, 소변으로 요산 배설을 증가시키는 것이 중요하다.

(1) 퓨린 섭취 제한
퓨린 함량이 높은 식품은 생체 내 요산 생성을 증가시키고, 산성 식품으로 소변을 산성화하는 경향이 있다. 정상 성인의 경우 하루 평균 600~1,000mg 정도의 퓨린이 함유된 식사를 하지만 통풍 환자는 100~150mg 정도로 제한하는 것이 바람직하다. 식품의 퓨린체는 끓인 국물에 용출해 나오므로 식품을 충분히 끓인 후에 국물의 섭취는 제한하는 것이 좋으며, 육류나 어육류 국물에 조리한 채소 등에는 퓨린체가 배어들기 때문에 주의하는 것이 좋다(퓨린 함량이 높은 식품은 표 8-3 참조).

(2) 충분한 수분 섭취
통풍 환자에 있어서 다량의 수분 공급은 콩팥의 결석 형성 및 약제 사용으로 인한 탈수현상을 방지하고, 혈중 요산 농도 희석 및 요산 배설을 촉진시키므로 콩팥질환이나 심장병이 없으면 하루에 3L 정도의 수분을 공급하는 것이 바람직하다.

(3) 열량 섭취 제한
통풍 환자 중 비만인 경우가 많기 때문에 표준체중을 유지하는 것이 바람직하다. 비만인 사람에게는 1일 1,000~1,600kcal 정도의 열량을 권장하며 주로 복합탄수화물 형태가 좋고 설탕, 사탕 등의 농축당은 중성지방을 증가시킬 수 있기 때문에 피하는 것이 좋다.

(4) 적당한 단백질 섭취
단백질은 인체 내에 필수적인 영양소지만 요산 생성에 관여하므로 과량의 섭취는 피한다. 우유와 달걀은 고단백질 식품이면서도 퓨린 함량이 극히 적으므로 통풍 환자들에게 권장할 수 있는 식품이다.

(5) 고지방식 제한

고지방식은 콩팥에서의 요산 배설을 억제해서 고요산혈증을 초래하고, 통풍의 합병증인 고혈압, 심장병, 이상지질혈증, 비만 등과도 관련되므로 과량의 지방 섭취는 피한다.

(6) 탄수화물 과잉 섭취 제한

고탄수화물식은 콩팥에서의 요산 배설을 촉진시키나 통풍 환자는 내당능이 저하되어 있는 경우가 많으므로 탄수화물의 과잉 섭취는 피하며, 특히 과당은 요산 합성을 촉진하는 것으로 알려져 있으므로 주의한다. 탄수화물의 섭취는 하루 250~350g 정도로 하고 비만이나 이상지질혈증이 있을 때는 100~150g으로 제한하는 것이 좋다.

골다공증(칼슘 1,995mg)

1,910kcal

Point

1. 균형 있는 식단을 구성한다.
2. 적절한 단백질을 공급한다.
3. 칼슘을 충분히 공급한다.

고춧잎나물

케일쌈

깍두기

아침
615kcal

돼지갈비찜

오곡밥

북엇국

고칼슘우유

간식
151kcal

치즈

미역오이초무침

멸치풋고추볶음

열무김치

점심
649kcal

건새우볶음

현미밥

냉이된장국

느타리버섯볶음

다시마튀각

배추김치

저녁
495kcal

뱅어포구이

보리밥

모시조개시금칫국

출처 : 승정자 외(2005). 칼로리핸드북.

PART 3
생애주기별
영양관리

CHAPTER 11
임신·수유기

정상적인 임신을 통하여 건강한 아이를 출산하기 위해서는 임신 전부터 건강관리에 노력해야 하며, 특히 임신 기간 동안에는 균형 있는 영양관리에 힘써야 한다. 임신기의 영양상태는 모체의 건강과 태아 발달, 그리고 출생 후 아기의 건강과 성인이 되어서의 질병 유발에도 큰 영향을 미칠 수 있기 때문에 그 어느 시기보다 중요성이 강조된다. 또한 수유기의 모유수유는 아기의 성장, 발육에 많은 이점을 가지고 있고, 성인이 된 이후에도 질병 발생 양상에 많은 영향을 미칠 수 있다. 본 장에서는 건강한 임신·수유를 위한 식사관리와 임신·수유기에 나타날 수 있는 건강문제에 따른 식생활 관리방법을 이해하자.

임신·수유기

1. 임신기의 영양과 식사관리

1) 임신기의 영양

임신 중에는 기초대사량이 증가하고 모체와 태아의 새로운 조직 합성을 위해 열량 및 영양소의 필요량이 증가하며, 모체 내 대사도 항진된다. 임신부의 3분기별 열량 증가 필요량을 보면 1/3분기에는 열량 증가가 없고, 2/3분기와 3/3분기에 각각 340kcal, 450kcal를 더 먹도록 설정되어 있다. 또한 모체조직의 증가 및 태아와 태반조직의 축적을 위해 단백질의 필요량도 증가하는데, 임신 기간 동안 비임신기 여성에 비해 15~30g의 단백질을 추가 섭취하도록 권장한다. 그리고 다양한 미량영양소의 필요량도 증가하는데, 특히 신경을 써야 할 미량영양소는 엽산, 철, 비타민 B_6 및 요오드 등으로, 비임신기 여성에 비해 필요량이 50% 이상 증가한다 표 11-1.

2) 임신기 식사지도

임신기 영양의 목표는 임신부와 태아에게 충분한 열량과 영양소를 보급하는 것이며, 임신으로 인한 대사장애를 최소한으로 감소시키는 것이다. 그러나 과다한 영양섭취는 임신부 비만과 함께 임신당뇨병, 고혈압, 전자간증(preeclampsia), 제왕절개, 사산,

분만장애, 모유부족 등의 위험을 증가시킬 수도 있다.

(1) 임신 초기

임신 초기인 2~3개월에는 각종 영양소의 필요량이 임신 전과 큰 차이가 없다. 그러나 이 시기에는 모체 내에 처음으로 생리적 변화가 일어나며, 음식의 기호가 예민하게 변화하므로 편식으로 인한 영양 장애가 발생하지 않도록 주의한다. 특히 4개월까지는 입덧이 나타날 수 있는 시기이므로 잘 관리해야 한다. 식욕을 증진시키고 변비를 막기 위해 신선한 채소 및 과일류를 많이 섭취하는 것이 좋다.

(2) 임신 중기

임신 중기가 되면 입덧이 없어지고 식욕이 증가한다. 따라서 임신 중기에는 적절한 체중 증가가 이루어질 수 있도록 균형 있는 식사를 한다. 단백질, 철과 칼슘 등의 섭취가 부족하지 않도록 주의하며, 임신당뇨병이나 부적절한 체중 증가를 막기 위해 단순당이나 지방의 섭취를 줄인다.

(3) 임신 후기

임신 후기에는 태아의 성장이 주되게 일어나고, 확대된 자궁이 장기를 압박하여 소화가 잘되지 않으며, 가슴 쓰림 증상이나 변비가 나타날 수 있다. 따라서 변비 예방을 위하여 식이섬유가 많은 전곡류, 채소류, 과일류를 섭취한다. 가슴 쓰림 증상이 있는 경우 과식을 피하며, 자극적이지 않고 부드럽게 넘어가는 음식을 섭취한다. 많은 양의 음식을 정규 식사만으로는 섭취하기 어려우므로 1일 3회의 식사 외에 2~3회 정도의 간식을 추가하여 전체 식사량을 증가시키도록 한다.

표 11-1 임신부, 수유부의 영양소 섭취기준(권장섭취량) 증가량

	비임신, 비수유 여성	임신부	수유부
열량(kcal)[1]	2,000/1,900*	+0/+340/+450**	+340
탄수화물(g)	130	+45	+80
식이섬유(g)[2]	20	+5	+5
단백질(g)	55/50*	+0/+15/+30**	+25
수분(mL)[2,3]	2,100/2,000*	+200	+700
비타민 A(μg RAE)	650	+70	+490
비타민 D(μg)[2]	10	+0	+0
비타민 E(mg α-TE)[2]	12	+0	+3
비타민 K(μg)[2]	65	+0	+0
비타민 C(mg)	100	+10	+40
티아민(mg)	1.1	+0.4	+0.4
리보플라빈(mg)	1.2	+0.4	+0.5
니아신(mg NE)[4]	14	+4	+3
비타민 B_6(mg)	1.4	+0.8	+0.8
엽산(μg DFE)[5]	400	+220	+150
비타민 B_{12}(μg)	2.4	+0.2	+0.4
판토텐산(mg)[2]	5	+1.0	+2.0
비오틴(μg)[2]	30	+0	+5
칼슘(mg)	700	+0	+0
인(mg)	700	+0	+0
칼륨(mg)[2]	3,500	+0	+400
마그네슘(mg)	280	+40	+0
철(mg)	14	+10	+0
아연(mg)	8	+2.5	+5.0
구리(μg)	650	+130	+480
요오드(μg)	150	+90	+190
셀레늄(μg)	60	+4	+10
몰리브덴(μg)	25	+0	+3
크롬(μg)[2]	20	+5	+20

* 19~29세/30~49세, ** 임신 1, 2, 3분기 부가량

주 [1] 에너지 필요추정량, [2] 충분섭취량, [3] 총 수분 섭취량, [4] 1mg NE(니아신 당량)=1mg 니아신=60mg 트립토판,
   [5] Dietary Folate Equivalents, 가임기 여성의 경우 400μg/일의 엽산보충제 섭취를 권장함.

출처 : 보건복지부·한국영양학회(2020). 2020 한국인 영양소 섭취기준.

임신기의 적절한 체중 증가는?

적당한 체중 증가는 임신 중 영양관리의 중요한 지표가 될 수 있다. 임신 전 체중이 정상이었던 임신부는 11~16kg 범위의 체중 증가가 바람직하며, 임신 전에 저체중이었던 임신부는 13~18kg 정도의 체중 증가가 바람직하다. 또한 임신 전 비만이었던 임신부는 7kg 이하로 체중 증가를 제한하는 것이 좋다.

임신 기간 동안 체중이 너무 많이 증가하게 되면 임신중독증, 당뇨병, 거대아 출산, 지연분만, 조기 파수 등으로 인한 각종 합병증을 초래할 수 있으며, 분만 후 모체의 과다한 체중을 줄이기 위한 부담이 가중될 수 있다. 따라서 임신 기간 동안 지나치게 체중이 증가하지 않고, 임신부의 임신 전 비만 정도에 따라 적절한 범위 내에서 체중이 증가하도록 노력해야 한다.

2. 임신기 건강문제와 식사관리

1) 임신중독증

임신중독증이란 임신 중 고혈압성 질환 중 대표적인 질환으로 학술적으로는 전자간증으로 불린다. 전자간증은 임신 20주 이후에 고혈압이 발생하고, 단백뇨나 병적인 부종이 있는 경우를 말하며, 고혈압, 단백뇨나 병적인 부종이 있으면서 발작이 동반되는 경우 자간증으로 분류한다. 산모는 고혈압과 단백뇨가 있음을 대개는 모르고 지내다가, 심각하게 진행되었을 때에야 두통, 시력장애, 상복부 통증 등의 자각증상을 보인다. 임신중독증의 정확한 원인은 밝혀지지 않았으나, 과다한 체중 증가, 나트륨의 과잉 섭취, 단백질의 섭취 부족, 칼슘의 섭취 부족 등이 관계가 있는 것으로 보고되고 있다.

임신중독증의 경우 산모에게는 제왕절개에 의한 조기 출산, 급성콩팥손상, 임신당뇨병 및 임신성 고혈압 등을 유발할 수 있고, 신생아에게는 성장지연 및 호흡저하증후군 등의 문제점이 나타날 수 있다. 임신중독증의 관리를 위해서는 항산화 영양소가 풍부한 식품의 섭취와 함께 열량조절식, 양질의 단백질식, 저염식 등을 실천하여야 한다.

2) 임신성 빈혈

임신성 빈혈은 유산, 조산, 미숙아 출산, 태아질식 등을 유발하며, 우리나라 임신부의

표 11-2 **빈혈 판정기준**

구분		헤모글로빈 농도(g/dL)	헤마토크릿(%)
비임신 여성		12.0	36
임신부	1기	11.0	33
	2기	10.5	32
	3기	11.0	33

50~60% 정도에서 이 증상을 보인다. 임신이 되면 태아에게 필요한 물질을 공급하기 위해 모체의 혈액이 증가한다. 혈액량은 임신 전기, 중기에 걸쳐 계속 증가하는데, 이 때 적혈구에 비해 혈장의 양이 더 많이 증가하면서 혈액이 희석되는 현상이 나타나 헤모글로빈 농도 또는 적혈구 수가 감소하게 되면서, 빈혈이 나타날 수 있다. 임신부의 빈혈 여부를 판정하기 위한 기준은 **표 11-2** 와 같다.

임신기에 나타나는 철 결핍성 빈혈의 대부분은 엽산 결핍성 빈혈과 함께 나타나므로 철과 엽산을 같이 보충할 때 효과적으로 빈혈을 치료할 수 있다. 식사요법으로는 철이 많은 식품의 섭취를 권장하고 철의 흡수와 이용을 높이기 위해서 유기산, 비타민 C가 많은 과일과 채소, 양질의 단백질을 같이 섭취하도록 한다. 또한 철 결핍성 빈혈이 있는 경우 의사의 처방에 따라 철 보충제를 복용할 수도 있다.

3) 임신당뇨병

임신당뇨병(Gestational Diabetes Mellitus, GDM)은 임신 중 처음으로 진단된 당뇨병을 의미하며, 임신당뇨병이 있었던 여성의 50~70%는 15~25년 후 제2형 당뇨병이 발

표 11-3 **임신당뇨병의 문제점**

산모	태아
• 제왕절개에 의한 출산 증가 • 임신 중 임신중독증 위험 증가 • 출산 후에도 제2형 당뇨병, 고혈압, 비만의 위험 증가 • 차후 임신에도 임신당뇨병의 위험 증가	• 사산 위험 증가 • 자연 낙태 위험 증가 • 선천적 기형 • 거대아로 태어남 • 인슐린 저항성, 제2형 당뇨병, 고혈압, 비만의 위험 증가

생할 수 있다. 임신 중 당뇨병의 상태가 악화되면 임신성 고혈압, 전자간증 등이 나타날 수 있으며 혼수, 거대아, 기형아의 출산율과 태아 사망률이 높아진다 표 11-3 .

임신당뇨병의 관리를 위해서는 정기적인 혈당, 요당 검사가 필요하며 체중 증가량은 정상 임신부의 체중 증가량에서 10~20%를 감소시킨 양이 되도록 조절하는 것이 좋다. 임신당뇨병 환자는 정상적인 혈당 수준을 유지할 수 있도록 식사를 계획하고, 임신 시 필요한 영양소가 충족될 수 있도록 관리해야 한다.

4) 입덧

입덧은 임신 2~4개월 정도에 나타나며, 메스꺼움과 구토가 특징적 증상이다. 특히 아침에 자리에서 일어날 때 가장 심하고 임신 중반기에 들어서면 일반적으로 증세가 사라진다. 입덧이 생기는 이유는 생리적인 것뿐만 아니라 임신 초 긴장과 걱정 등의 심리적인 이유도 작용한다. 입덧을 심하게 하여 모체의 식품 섭취가 감소하면, 태아의 영양소 공급에도 문제가 생길 수 있으므로, 적절한 영양관리가 필요하다.

입덧 시에는 다음과 같이 식사관리를 하도록 한다.

- 입덧 시에는 기호에 맞는 것을 섭취한다.
- 입덧이 심할 때는 음식 냄새를 피하고, 식사환경을 바꾸어 본다.
- 공복 시에 입덧을 가장 많이 느끼므로, 식사량을 줄이고 식사 횟수를 늘려 위를 비우지 않는다.
- 아침에 일어났을 때 마른 과자나 토스트, 누룽지 등 마른 곡류 제품을 먹는다.
- 구토를 유발할 수 있는 음식(예 기름기가 많은 음식, 맛과 향이 강한 음식, 구토를 유발했던 음식 등)을 피한다.
- 액체와 고체 음식을 분리하여 먹고, 식사 중간에 수분을 많이 섭취하지 않는다.

5) 위장장애

임신에 의한 위장장애 중 가장 흔한 것은 변비이다. 임신 후기에는 자궁이 커지면서 대장을 누르게 되므로 변비가 악화될 수 있다. 변비 시에는 수분을 충분히 섭취하고, 잡곡, 식이섬유가 많은 과일과 채소, 해조류 등의 섭취를 증가시키며, 규칙적인 운동도 도움이 될 수 있다. 또한 임신에 의해 소화기관의 근육이 이완되면, 위산이 식도로 역류하면서 가슴이 답답하거나 복부팽만감 등의 증상을 보이는 가슴 쓰림 증상이 나타날 수 있다. 이때는 되도록 위에서 오래 머무는 음식은 금하고, 위의 압력을 줄이기 위해 식사시간을 피하여 물을 섭취한다.

3. 임신기의 해로운 습관

1) 음주

임신기의 알코올 섭취는 태아 성장과 건강에 좋지 않은 영향을 미친다. 알코올은 영양소는 아니지만 1g당 7kcal의 열량을 내는 물질이므로, 술을 너무 많이 마시면 식품과 영양소 섭취량이 감소하고 영양소의 체내 이용률에도 악영향을 끼쳐 모체의 영양상태가 불량해질 수 있다. 또한 태아는 알코올 분해효소가 없으므로, 태반을 통해 운반된 알코올은 그대로 태아의 체내에 축적되어 뇌에 치명적인 피해를 입힐 수 있다.

임신부가 지나치게 알코올을 섭취하면 태아알코올증후군(fetal alcohol syndrome)이 나타날 수 있으며, 주요 증상으로 태아기와 출생 후의 성장지연, 두개골 또는 두뇌의

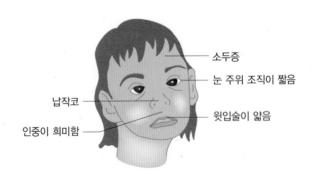

소두증

눈 주위 조직이 짧음

납작코

윗입술이 얇음

인중이 희미함

그림 11-1 태아알코올증후군의 얼굴 특징

기형, 중추신경계의 이상, 행동 및 지능 장애 등이 나타날 수 있다 그림 11-1. 태아알코올증후군을 가진 아동의 경우 인중이 희미하고, 윗입술이 얇고, 안면의 입체감이 감소되는 얼굴 형태를 보인다. 따라서 임신부가 건강한 아이의 분만을 원한다면 음주는 절대로 해서는 안 될 뿐만 아니라, 알코올 성분이 소량 포함된 식품도 제한해야 한다.

2) 흡연

흡연은 임신부의 호흡 작용, 폐기능, 혈액의 산소 운반작용 등을 저해하고, 조기 양막 파열, 저체중아 출산, 기형아 출산, 사산율, 유아 사망률 등을 증가시킬 수 있다. 왜냐하면 흡연으로 인해 발생되는 일산화탄소, 니코틴, 기타 다른 탄화수소 화합물들이 태아로의 산소 전달과 영양소의 공급을 저해하며, 특히 니코틴에 의해 혈관이 수축하여 태반 혈류량이 감소하기 때문이다. 뿐만 아니라 흡연은 모체의 식욕감퇴를 유발하여 열량 및 미량영양소 섭취가 불량해질 수 있다. 따라서 임신을 계획하는 여성은 금연을 해야 하며, 주변 사람들에 의한 간접흡연도 피하는 것이 바람직하다.

3) 카페인

카페인은 커피 이외에도 홍차, 코코아, 탄산음료, 에너지음료 등에 포함되어 있으며 초콜릿, 코코아 등에 함유되어 있다(표 12-3 참조). 임신부가 카페인을 섭취하게 되면 혈관을 수축시킴으로써 태아에게 공급하는 산소와 영양소가 감소하고 태반 및 태아의 뇌, 중추신경계, 심장, 간, 동맥 형성 시 나쁜 영향을 미칠 수 있다. 또한 임신 시간에서 카페인의 제거 속도가 감소하기 때문에 태반을 통해 카페인이 태아에게 전달될 수 있는데, 태아의 경우 카페인을 분해하는 능력이 없으므로 임신 중 카페인 섭취를 적절히 조절해야 한다. 식품의약품안전청에서는 임신부의 카페인 최대 일일섭취권고량을 300mg 이하로 설정하고 있다.

4) 약물

태아는 아직 대사적으로 미숙하므로, 모체가 복용하는 약물로 인하여 미숙아가 되거나 기형이 되기 쉽다. 일반적으로 신경안정제, 항생제, 마약, 진정제, 수면제, 항경련제, 호르몬제 등에 해당하는 종류의 약물들은 태아에게 기형을 일으킬 수 있다. 따라서 임신 기간 중에는 의사에게 처방받은 약을 제외하고는 일체 복용하지 않도록 한다.

4. 수유기의 영양과 식사관리

수유부는 충분한 양의 질 좋은 모유를 생성하기 위해 열량, 단백질 및 기타 영양소를 적절하게 섭취하는 식생활을 해야 한다. 따라서 수유부는 고기, 생선, 달걀, 콩류 등 양질의 단백질 식품 및 비타민, 무기질, 식이섬유를 풍부하게 함유하고 있는 다양한 채소와 과일을 매일 섭취하는 것이 좋다. 또한 칼슘 섭취를 증가시키기 위해 요구르트, 치즈, 뼈째 먹는 생선 등을 자주 먹어야 한다.

이를 위해 수유부는 일상적인 식사를 양적으로 증가시키는 것보다는 식사에 지장이 없는 범위 내에서 우유나 과일 등의 간식을 통해 식사만으로 부족하기 쉬운 비타민, 무기질, 단백질 등을 보충하는 것이 좋다. 또한 수유부가 지나치게 짜거나 달게 먹으면 식품 섭취의 균형이 저해될 수 있으므로 짜거나 단 자극적인 음식은 피한다. 향이 강하거나 너무 맵고, 자극적이거나 방향성이 강한 채소 등을 많이 먹으면 젖에서도 매운

궁금해요

모유수유를 하는 수유부는 얼마나 더 먹어야 할까요?

수유부가 모유수유를 할 경우, 모유로 분비되는 양을 고려하여 식사 섭취를 좀 더 많이 하는 경향이 있다. 과연 모유수유를 하는 수유부는 비임신 여성에 비해 얼마나 더 먹으면 될까?

이때는 모유에 함유되어 있는 열량에서 원래 모체에 있던 체지방으로부터 동원할 수 있는 열량을 제하면 된다. 1일 모유 분비량은 780mL로 507kcal를 함유하고 있다. 그렇지만 그중 임신기 동안 모체가 저장한 지방 조직으로부터 170kcal가 동원될 수 있으므로 모유수유를 하는 수유부가 비임신 여성에 비해 필요한 열량 섭취량은 337kcal(507kcal−170kcal)에 불과하다. 1일 337kcal를 더 섭취하려면, 예를 들어 간식으로 우유 1컵(125kcal), 호상 요구르트 1개(125kcal), 사과 1/2개(75kcal) 정도면 충분하다.

향이 날 수 있으므로 아기가 젖을 거부하지 않을 정도로 소량씩만 섭취하도록 한다.

우리나라에서는 수유부에게 전체적으로 1일 5식 정도 흰밥과 미역국으로만 구성된 식사를 권하는 전통이 있다. 이와 같은 식단은 열량을 지나치게 많이 공급함으로써 체중을 증가시킬 수 있으며, 국에 함유된 나트륨 때문에 나트륨의 과다 섭취를 유발할 수 있다. 또한 쌀밥과 미역국 위주의 식사는 단백질, 칼슘, 철, 비타민 B_1, B_2 및 비타민 C가 부족하기 쉽다. 따라서 수유부는 다양한 식품을 적절량 섭취하는 것이 바람직하다.

5. 모유수유

2016 국민건강통계에 의하면 현재 우리나라의 모유수유율은 90.4%로, 1980년대의 30% 정도에 비하면 매우 높은 수준을 보이고 있다. 모유는 신생아와 영아의 정상적인 성장, 발달을 위해 필요한 모든 영양소를 알맞게 함유하고 있으며, 소화와 흡수가 용이한 형태로 함유되어 있는 것이 알려져 영아의 우수한 영양 공급원으로 인식되고 있다. 모유수유는 영아뿐만 아니라 수유부에게도 생리적·대사적 측면에서 많은 장점을 가지고 있다.

먼저 영아 측면에서의 장점으로는 질병 감염률 감소가 있다. 모유에는 면역 글로불린(IgA)을 포함하여 다양한 면역성분들이 함유되어 있으므로, 모유영양아의 경우 인공영양아에 비해 소화기관의 질병과 감기, 기관지염, 폐렴 등 호흡계 질병에 걸릴 확

초유는 무엇인가요?

초유는 출산 후 2~3일부터 1주일간 분비되는 묽고 노란색을 띠는 젖을 말하는데, 다른 시기의 모유에 비해 단백질 함량은 높고, 지방과 유당의 함량이 적어 열량 함량이 낮다. 그러나 비타민 A, 비타민 E, 나트륨, 칼륨 등의 미량영양소가 다량 함유되어 있으며, 질병 감염과 알레르기 발생을 예방하는 면역물질, 대식세포, 장을 튼튼하게 해주는 비피더스 증진인자 등이 함유되어 있어 반드시 먹이는 것이 좋다.

궁금해요

률이 낮으며, 알레르기 발생도 낮은 편이다. 수유부 측면에서의 장점으로는 출산 후 체중 감소 및 산후 회복의 촉진 등이 있다. 모유수유를 하는 경우 모유를 만드는 데 필요한 열량을 생성시키기 위해 모체의 체지방을 연소시키므로 수유부의 체중 감소에 도움을 주며, 아기가 젖을 빠는 동안 모체의 뇌에서 분비되는 호르몬인 옥시토신에 의해 자궁수축이 촉진되므로 산후 회복에도 도움이 될 수 있다. 또한 수유 시 분비되는 호르몬인 프로락틴은 배란을 억제하는 기능이 있어 모유수유 시 자연피임의 효과를 볼 수 있으며, 모유수유를 한 여성은 모유수유를 하지 않는 여성에 비해 유방암 발생률이 낮다고 한다.

6. 수유기 건강문제와 해로운 습관

1) 산후 비만

산후 비만은 출산 후 6개월이 지나도 임신 전 체중으로 돌아오지 않고 3kg 이상 체중이 증가한 상태를 보이는 경우를 말한다. 출산 직후 산모들은 5~6kg 정도 체중이 감소하고, 출산 후 6~8주가 지나면 대략 임신 전 체중으로 돌아가게 된다. 출산 후 6개월 정도 지난 후에도 약 40% 정도의 산모에서는 체중이 증가된 상태로 남아 있

궁금해요 ─ +°

모유수유를 하는 수유부는 약을 먹어도 될까요?

대부분의 약물은 모유 중 1% 미만 극소량 분비되므로 영아에게 영향을 주는 일은 극히 드물다. 그러나 일반적으로 약의 효과는 모체와 영아에게 비슷하게 나타나지만, 영아에게서 더 심하게 나타날 수도 있다. 바륨과 같은 진정제는 영아에게 심각한 기면을 유발할 수 있으며, 수유부가 아스피린과 같은 항응고제를 다량 복용 시 영아에게 비정상적인 출혈을 유발할 수도 있다.

따라서 모유수유 시 약물의 영향을 최소화하기 위해 다음의 지침을 따르자.

- 작용시간이 긴 약물과 모유 중 잔류기간이 긴 약물의 복용을 피한다.
- 약물의 흡수율, 최고 작용시간 등을 고려하여 약물의 농도가 최고치일 때 모유수유를 피한다.
- 금지된 약을 복용해야 할 때에는 일시적으로 모유수유를 중단하였다가 후에 다시 먹인다.

다는 보고도 있어, 대부분의 산모에게서 완전히 체중이 복구된다고 보기는 어렵다. 산후 비만의 원인은 산후조리 기간 동안 활동량은 적은 데 비해 열량이 높은 음식을 과식함으로써 체지방이 축적되기 때문이다.

따라서 산후 비만을 예방하기 위해서는 모유수유를 하고 가능한 한 몸을 많이 움직여 신체 활동량을 늘리는 것이 좋다. 산후 우울증도 산후 비만의 원인이 될 수 있는데, 음식 섭취로 우울증을 해결하려 하지 말고 가족이나 전문가의 도움으로 극복하는 것이 좋다.

2) 음주·흡연 및 카페인

알코올, 니코틴 및 카페인 등은 모유로 분비되어 아기에게 부정적인 영향을 미칠 수 있으므로 자제하여야 한다. 모유를 통해 알코올에 노출된 아기는 장기적으로 성장, 발육이 저해될 수 있으며, 수유 기간 중 수유부의 알코올 섭취는 모유 분비를 저하하고, 젖의 냄새 변화를 일으킬 수 있다. 또한 수유부의 흡연은 모유 분비량을 감소시키며 유즙 사출을 도와주는 옥시토신의 분비를 억제함으로써 모유수유에 부정적인 영향을 미칠 수 있다. 산모의 지나친 카페인 섭취는 신생아 체내에 카페인 축적을 유발하여 흥분 및 각성 상태를 일으킬 수 있다.

임신·수유부를 위한 식생활지침   알아가기 +

1. 우유 제품을 매일 3회 이상 먹자.
2. 고기나 생선, 채소, 과일을 매일 먹자.
3. 청결한 음식을 알맞은 양으로 먹자.
4. 짠 음식을 피하고, 싱겁게 먹자.
5. 술은 절대로 마시지 말자.
6. 활발한 신체활동을 유지하자.

출처 : 보건복지부(2009), 임신·수유부를 위한 식생활지침.

CHAPTER 12
성인기

성인기란 성장에 따른 신체적·정신적 변화가 끝나는 만 19~64세까지를 말한다. 이 시기는 생애주기에 있어 가장 긴 기간으로, 성인 초기(20대), 장년기(30대) 및 중년기(40대와 50대)로 구분되기도 한다. 성인기에는 성장보다는 유지를 위한 대사 과정이 주되게 이루어지며, 그에 따라 이 시기의 영양 필요량은 유지에 요구되는 양만 필요하게 된다. 또한 이 시기에 건강관리를 제대로 하지 않아 영양의 균형이 깨지게 되면 만성질환으로 이어질 수 있다. 성인기는 노화가 서서히 진행되는 하나의 단계로 균형잡힌 식생활과 운동을 통해 건강한 노인기를 준비해야만 한다. 성인기에 주로 나타날 수 있는 만성질환인 고혈압, 당뇨병, 동맥경화 등은 앞에서 이미 다루었으므로, 본 장에서는 성인의 건강상태에 영향을 미칠 수 있는 스트레스, 흡연, 음주, 카페인 및 대사증후군에 대해 알아보자.

성인기

1. 스트레스

2019년 국민건강통계에 의하면 19세 이상 성인 중 스트레스를 인지하는 비율은 30.8%(남자 29.3%, 여자 32.3%)였다 그림 12-1 . 연령대로 살펴보면, 남자는 30대가 38.8%, 여자는 20대가 42.3%로 가장 높았다.

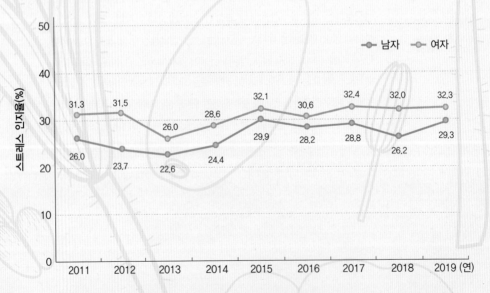

* 스트레스 인지율 : 평소 일상생활 중에 스트레스를 '대단히 많이' 또는 '많이' 느끼는 분율, 만 19세 이상
* 2005년 추계인구로 연령표준화

그림 12-1 스트레스 인지율 추이
출처 : 보건복지부(2020). 2019 국민건강통계.

그림 12-2 현대병을 유발하는 스트레스

매일 살아가면서 일어나는 사소한 일부터 큰 충격까지 신체에 자극을 주는 요인은 모두 스트레스가 된다. 이러한 스트레스로부터 신체를 보호하기 위해 여러 호르몬이 분비되며, 장기간 스트레스 상태가 지속되면 신체적·정신적·감정적 증상이 나타나고 여러 질환의 유발요인이 될 수 있으므로 스트레스는 바로 해소하는 것이 좋다 `그림 12-2`.

1) 스트레스 관리

스트레스로 인해 체내의 산화적 스트레스가 증가하면 노화뿐 아니라 당뇨병, 동맥경화, 뇌질환, 심혈관계 질환, 암 등의 질병의 위험이 높아지므로 항산화 영양소가 풍부한 식품을 섭취하는 것이 좋다 `표 12-1`. 또한 스트레스로 인해 신체적 피로도가 높기 때문에 열량 소모량이 많아지므로 열량, 단백질 및 비타민 B군의 섭취가 부족하게 되지 않도록 주의가 필요하다.

어떤 사람들은 스트레스 때문에 음식을 제대로 소화시키지 못해 위염, 위궤양, 변비 등을 일으키고 이것이 스트레스를 더욱 증가시킨다. 스트레스 상황에서 너무 많이 섭취하면 이러한 생리 변화를 더욱 악화시킬 수 있는 술, 커피, 초콜릿, 탄산음료, 스낵류 등의 섭취를 피하는 것이 좋다 `표 12-2`.

표 12-1 컬러식품의 항산화 성분과 질병예방 효과

질병예방 효과	성분	식품
항암, 심장병	라이코펜, 케르세틴, 히스페리딘, 안토시아닌	석류, 붉은 자몽, 체리, 수박, 사과, 토마토, 산딸기
눈 건강, 면역강화, 성장	알파-카로틴, 베타-카로틴, 베타-크립토잔틴, 루테인, 지아잔틴, 헤스페리딘	파인애플, 살구, 바나나, 당근, 호박, 고구마, 레몬, 오렌지
순환계 질환, 골 건강, 암, 심장병	카테인, 알리신, 케르세틴, 인돌, 글루코시놀레이츠	양파, 마늘, 버섯, 배, 콜리플라워, 콩
눈 건강, 간, 폐, 혈관 건강 증진	루테인, 지아잔틴, 카테인, 이소시아네이트, 이소플라본, 인돌	브로콜리, 케일, 상추, 키위, 아보카도, 멜론
뇌, 심장, 뼈, 혈관, 인지 기능 증진, 암 및 노화 지연	레스베라트롤, 페놀릭, 안토시아닌, 플라보노이드	자두, 비트, 가지, 적포도, 블루베리, 복분자, 붉은 양파

출처 : Natural Healty Concepts.com

표 12-2 스트레스를 악화시킬 수 있는 식품

식품	이유
술	일시적으로 기분이 안정되는 느낌이나 장기간 섭취하면 흥분상태를 지속시킴
커피	카페인은 뇌를 자극하고 혈관을 수축시켜 스트레스를 더욱 자극함
초콜릿	초콜릿에 포함된 카페인과 당분은 스트레스를 가중시킴
탄산음료	당분 함량이 높아 과다 섭취 시 스트레스에 대한 저항력을 저하시킴
스낵류	당분과 지방이 많이 포함되어 있어 스트레스를 증가시킴

출처 : Natural Healty Concepts.com

2) 스트레스를 해소하기 위한 방법

생각이나 가치관에 변화를 가져와 스트레스를 받는 상황을 좀 더 객관적으로 받아들이고 대인관계를 원만하게 해결하는 것이 스트레스를 줄이는 방법이 될 수 있다. 신체활동을 통해 정신적 스트레스 해소에 도움이 되는 가벼운 운동이나 취미생활을 하는 것도 도움이 된다.

직무 스트레스지수 테스트

문항	예	아니오
1. 언제나 초조해한다.		
2. 흥분이나 화를 잘 낸다.		
3. 집중력이 저하되고 인내심이 없어진다.		
4. 우울하고 기분이 침울하다.		
5. 건망증이 심하다.		
6. 뭔가를 하는 것이 귀찮다.		
7. 매사에 의심이 많고 망설이는 편이다.		
8. 하는 일에 자신이 없고 쉽게 포기한다.		
9. 뭔가 하지 않으면 진정이 안 된다.		
10. 성급한 판단을 내리는 경우가 많다.		

판정
7개 이상 : 상담·심리치료가 필요한 상태
4~6개 : 스트레스를 다소 받고 있지만 문제라고 할 것까지는 없는 상태
1~3개 : 정상적이고 생활 활력소로 작용할 수도 있는 상태

출처 : 김춘경(2016). 상담학 사전. 학지사

2. 흡연

담배는 4,700여 가지의 유해성분과 발암물질이 함유되어 있고, 중독의 원인이 되는 물질로는 니코틴과 타르, 일산화탄소 등이 있다.

1) 흡연 실태

우리나라의 19세 이상 성인의 흡연율(평생 담배 5갑 이상 피웠고 현재 담배를 피움)은 2011년 27.1%에서 점점 하락해 2015년 1월 담뱃값 2,000원 인상의 영향으로 그해 22.6%까지 하락했다가 2019년 21.5%로 나타났다. 그림 12-3 . 이러한 흡연율 감소는 흡연경고 그림 및 금연구역 확대 등 비가격 정책 효과의 결과로 분석되고 있다. 그러

그림 12-3 **19세 이상 흡연율 추이**

출처 : 보건복지부(2020), 2019 국민건강통계.

나 전자담배 흡연자에 대한 조사가 누락되어 조사된 문제점이 있다.

2) 흡연과 건강문제

(1) 니코틴

흡연으로 발생되는 담배연기는 폐 속으로 들어가 혈액을 통해 뇌와 심장으로 전달된다. 뇌에 전달된 니코틴은 흥분작용과 뇌세포 간의 정보 전달을 방해하여 진정제 역할을 한다. 그러나 혈관을 수축시켜 혈압을 높이고, 혈중 콜레스테롤을 증가시켜 동맥경화증의 원인이 된다. 또한 폐암, 구강암, 인후암 등의 각종 암과 호흡기질환의 원인이 된다.

(2) 타르

흡연 시 담배 필터를 검게 만드는 성분이 타르이다. 타르는 200여 종의 화합물로 발암물질이다. 타르는 호흡을 통해 몸 밖으로 배출되지 못하여 하루에 한 갑의 담배를 1년간 피우게 되면 한 컵 이상의 타르가 폐에 축적된다.

(3) 일산화탄소

일산화탄소는 담배 연기 중 2~6% 정도 함유되어 있고, 흡연 시 일산화탄소가 폐로 들어가 혈액 중 산소와 결합해야 하는 헤모글로빈이 일산화탄소와 결합하여 산소 운반능력이 떨어지는 만성적 일산화탄소 중독(저산소증)을 일으킨다. 이로 인해 체내로 산소 공급이 부족해지면 중추신경계와 뇌에 영향을 주어 두통, 현기증, 이명, 가슴 두근거림, 맥박증가, 구토, 기억력 감퇴 등이 나타난다.

3) 관리

흡연으로 발생하는 자유기나 활성산소는 세포막을 손상시키고 면역력을 낮추기 때문에 이런 유해 작용으로부터 신체를 방어하기 위해서는 항산화 영양소 요구량이 높아진다. 그러나 흡연자는 항산화 영양소의 섭취량이 낮은 것으로 보고되고 있어 항산화 작용을 하는 비타민 A, 베타-카로틴, 비타민 C, 비타민 E, 셀레늄, 아연 등의 영양소를 충분히 섭취해야 한다.

3. 음주

1) 음주 실태

2019년 국민건강통계에 의하면, 우리나라 19세 이상 성인의 월간 음주율(최근 1년 동안 한 달에 1회 이상 음주)은 60.8%(남자 73.4%, 여자 48.4%)였으며, 1회 평균 음주

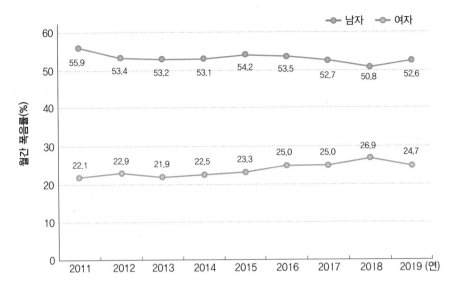

그림 12-4 월간 폭음률 추이

출처 : 보건복지부(2020). 2019 국민건강통계.

량이 남자 7잔 이상(여자 5잔 이상)이고 주 2회 이상 음주를 하는 고위험 음주율은 12.6%(남자 18.6%, 여자 6.5%)였다. 월간 폭음률(최근 1년 동안 월 1회 이상 한 번의 술자리에서 남자 7잔 또는 맥주 5캔, 여자 5잔 또는 맥주 3캔 이상 음주)은 38.7%(남자 52.6%, 여자 24.7%)로 나타났다 그림 12-4 . 여자의 월간 음주율은 2011년 44.2% 에서 2019년 48.4%로, 고위험 음주율은 2011년 4.9%에서 2019년 6.5%로, 월간 폭음률은 2011년 22.1%에서 2019년 24.7%로 보고되어, 성인 여성의 경우 음주로 인한 여러 영양 및 건강문제가 우려된다.

2) 음주와 영양문제

알코올은 1g에 7kcal의 열량을 내며 다른 영양소를 제공하지 않는다. 지나친 음주는 열량 섭취를 증가시키고, 알코올은 티아민의 흡수를 억제하므로 많은 알코올 의존자들에게 티아민의 결핍이 나타난다. 티아민의 결핍은 기억력 저하, 걸음걸이 이상, 뇌 손상 등을 유발할 수 있으므로 음주자들에게 있어 티아민이 부족하게 되지 않도록 보충이 필요하다.

알코올 과잉 섭취 시 담즙 및 지방분해효소의 분비 이상으로 지방 소화가 잘되지 않으며, 지용성 비타민의 결핍이 초래될 수 있다. 또한 알코올은 장점막에 손상을 주어 티아민, 엽산, 비타민 B_{12} 등의 흡수를 감소시키고 니아신과 아연, 마그네슘, 칼륨 등 무기질의 배설을 증가시켜 결핍증이 초래될 수 있다.

3) 음주와 건강문제

(1) 알코올 대사

알코올은 위와 소장에서 빠르게 흡수되어 간에서 분해된다. 알코올은 간의 알코올 탈수소효소에 의해 아세트알데하이드로 산화된 후 아세트알데하이드 탈수소효소에 의해 아세트산으로 전환된다. 체내에 아세트알데하이드 탈수소효소가 부족하면 아세트알데하이드가 상승하여 숙취의 원인이 되며 안면홍조, 심계항진, 현기증, 오심 등이 나타날 수 있다.

(2) 음주와 질병

위장질환

알코올은 식도염을 유발하며 위산 분비를 자극하여 위장관 점막을 손상시켜 위염이나 위궤양을 일으킨다. 또한 위장관 운동을 방해하여 소화가 잘되지 않아 영양소 흡수에 영향을 준다.

간질환

알코올 간질환은 지나친 알코올 섭취로 인해 발생하는 것으로 1단계 알코올 지방간은 알코올 중독 환자의 80~90%에서 발생하는 가장 흔한 질병이고, 알코올 중독 환자 중 일부가 2단계 알코올 간염, 3단계 알코올 간경변증으로 진행된다.

췌장질환

췌장에서는 소화효소를 분비하는데, 과도한 음주는 췌장 세포를 파괴하고 염증을 유발하여 만성 췌장염의 원인이 되며 인슐린 생산에도 영향을 미쳐 당뇨병을 유발할 수 있다.

알아가기 +

술을 마셨을 때 혈중 알코올 농도 계산하기

운전 당시의 혈중 알코올 농도는 운전자가 사고 당시 마신 술의 종류, 운전자의 체중, 성별 등의 자료에 의해 계산하는 위드마크(Widmark) 공식을 사용한다. 혈중 알코올 농도는 음주 후 30분에서 90분 사이에 최고치에 이른 후 시간당 알코올 분해 값이 개인에 따라 0.008%에서 0.030%에 감소하는데 평균적으로 시간당 0.015%씩 감소한다. 이를 착안하여 음주운전 사고 및 단속 시 실제 음주운전 시간과 실제 단속시간에 차이가 있을 경우 역추산해 운전 당시 음주상태를 추정하게 된다. 우리나라에서는 알코올이 체내에 100% 흡수되지 못한다고 보고, 체내흡수율이라는 개념을 도입하여 '수정된 위드마크 공식'을 사용하고 있다.

예) 체중 70kg 남성이 20도 소주 2병(720mL)을 전날 저녁 22:00까지 마시고 3시간 30분 후인 새벽 01시 30분에 음주운전을 하다가 교통사고를 내고 현장을 도주하였다. 이때 교통사고 당시 혈중 알코올 농도는 얼마일까?

(음주 종료시점 22:00, 상승기 90분 이후 시점 23:30, 실제 음주운전 시간 01:30)

$$\frac{\{720mL(음주량) \times 0.20(알코올 도수) \times 0.7894(알코올의 비중) \times 0.7(체내흡수율)\}}{\{70kg \times 0.86(남자계수) \times 10\}} = 0.132\%(혈중 알코올 농도 최고치)$$

* 성별에 대한 계수(남자 0.86, 여자 0.64)

교통사고 당시 혈중 알코올 농도를 계산하면,

$$0.132\% - (0.03\% \times 2시간) = 0.072\%$$

※ 대법원 판례에 의해 추산할 때 0.03%를 적용 많이 함(피고인에게 유리한 수치 적용)
음주상승기 안에 운전했을 경우 음주상승기인 30분에서 90분인 시간을 제외하고 계산

예) 술집에서 저녁 23:00까지 술을 마시고 24:00에 음주운전 상태로 집에 귀가하였다. 그러나 술집사장의 신고로 새벽 03시 30분에 음주운전으로 자택에서 경찰에 적발되어 음주측정수치는 0.03%로 측정되었다. 이때 실제 운전 당시 혈중 알코올 농도는 얼마일까?

(음주 종료시간 23:00, 상승기 90분 이후 시점 24:30, 실제 음주운전 시간 24:00, 음주 단속시점 익일 03:30)

$$0.03\%(측정 혈중 알코올 농도) + \{0.008\%(시간당 알코올 분해량) \times 3시간(상승기 제외한 시간)\}$$

※ 역추산할 때는 0.008%로 적용하는 경우가 많음
23시 음주 종료시점에서 음주상승기 90분을 제외하고 3시간으로 계산

실제 음주운전 당시 수치를 측정하면,

$$0.03\% + 0.024 = 0.054\%$$

출처 : 도로교통공단(2021).

알코올 의존도 평가

질문	0점	1점	2점	3점	4점
1. 술은 얼마나 자주 마십니까?	전혀 마시지 않는다	월 1회 이하	월 1회	1주일에 2~3회	1주일에 4회 이상
2. 평소 술을 마시는 날 몇 잔 정도나 마십니까?	1~2잔	3~4잔	5~6잔	7~9잔	10잔 이상
3. 한번 술을 마실 때 소주 1병 또는 맥주 4병 이상 마시는 음주는 얼마나 자주 하십니까?	전혀 없다	월 1회 미만	월1 회	1주일에 1회	매일
4. 지난 1년간 술을 한번 마시기 시작하면 멈출 수 없었던 때가 얼마나 자주 있었습니까?	전혀 없다	월 1회 미만	월 1회	1주일에 1회	매일
5. 지난 1년간 당신은 평소 할 수 있었던 일을 음주 때문에 실패한 적이 얼마나 자주 있었습니까?	전혀 없다	월 1회 미만	월 1회	1주일에 1회	매일
6. 지난 1년간 술 마신 다음 날 아침에 다시 해장 술이 필요했던 적이 얼마나 자주 있었습니까?	전혀 없다	월 1회 미만	월 1회	1주일에 1회	매일
7. 지난 1년간 음주 후에 죄책감이 들거나 후회를 한 적이 얼마나 자주 있었습니까?	전혀 없다	월 1회 미만	월 1회	1주일에 1회	매일
8. 지난 1년간 음주 때문에 전날 밤에 있었던 일이 기억나지 않았던 적이 얼마나 자주 있었습니까?	전혀 없다	월 1회 미만	월 1회	1주일에 1회	매일
9. 음주로 인해 자신이나 다른 사람이 다친 적이 있었습니까?	없었다	–	있지만, 지난 1년 간 없었다	–	지난 1년 내 있었다
10. 가족이나 친구, 또는 의사가 당신이 술 마시는 것을 걱정하거나 술 끊기를 권유한 적이 있었습니까?	없었다	–	있지만, 지난 1년 간 없었다	–	지난 1년 내 있었다

판정기준

7점 이하	정상음주로 큰 문제 없음
8~15점	과음하지 않도록 주의 : 적정 음주량을 유지하여 향후 음주로 인한 문제가 발생하지 않도록 음주량과 횟수를 줄이는 것이 필요함
16~19점	잠재적인 위험이 있으므로 전문가의 진찰을 받을 필요가 있음
20점 이상	음주량과 음주 횟수 조절이 어려운 알코올 의존 상태임. 술을 줄이는 단계가 아니라 끊어야 하기 때문에 전문가의 진찰을 받고 치료를 시작해야 함

출처 : AUDIT-K(Alcohol Use Disorder Identification Test).

심혈관계 질환

적당한 음주는 혈액 순환을 돕고 HDL-콜레스테롤 농도를 증가시키며 고혈압을 예방하여 심혈관계에 좋은 영향을 준다. 그러나 과도한 음주는 혈압 상승, 심장 부담 증가, 이상지질혈증을 초래하고, 관상동맥을 수축시켜 심혈관계 질환의 위험을 증가시킨다.

4) 알코올 섭취량

적당한 음주의 기준은 성별 및 개인에 따라 다르다. 적당한 음주는 하루에 1표준잔 내외로 우리나라 보건복지부에서는 1표준잔의 알코올 양을 7g을 기준으로 하고 있다. 1표준잔은 대략 소주 1잔(50mL), 맥주 1잔(200mL)에 해당한다.

4. 카페인

1) 정의

카페인은 커피나 차 같은 일부 식물의 열매, 잎, 씨앗 등에 함유된 성분으로 중추신경계에 작용하여 정신을 각성시키고 피로를 줄이는 효과가 있는 것으로 알려져 있다. 우리는 카페인을 커피, 차, 소프트드링크, 에너지음료, 약품 등의 다양한 형태로 섭취하고 있고 표 12-3 , 그림 12-5 , 과다 섭취 시 불면증, 신경과민, 이뇨 작용 촉진 등을 일으킬 수 있으며 장기간 다량 섭취하는 경우 카페인 중독이 나타날 수 있다.

2) 섭취기준

카페인을 과다 섭취할 경우 부작용이 발생할 수 있어 식품의약품안전청에서는 카페인의 최대 일일섭취권고량을 성인 400mg 이하, 임산부는 300mg 이하, 어린이 및

표 12-3 식품의 1회 섭취참고량당 카페인 함량

커피전문점 커피	커피·초콜릿 우유	캔커피	인스턴트커피
123mg	84mg	74mg	69mg
에너지음료	콜라	초콜릿	침출차
58mg**	23mg	16mg	15mg

** 에너지음료의 평균값

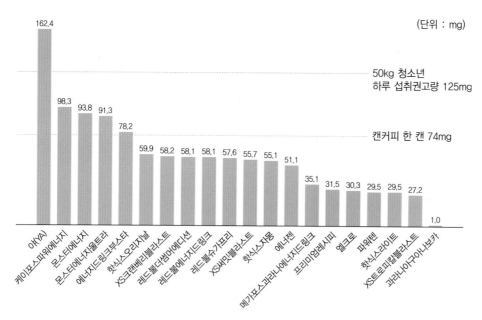

그림 12-5 에너지음료 제품별 한 캔당 카페인 함량

출처 : 한국소비자원(2016).

에너지음료 섭취 가이드

약을 복용할 때는 에너지음료 섭취 주의
- 카페인이 함유된 진통제, 감기약과 함께 섭취하면 카페인 과다 섭취 우려
- 천식, 만성 기관지염 등에 사용되는 알부테롤, 클렌부테롤 등과 함께 섭취하면 중추신경계를 자극시켜 부작용 유발 가능
- 카페인은 칼슘 배설을 증가시키므로 골다공증 환자는 섭취에 주의 필요
- 혈압 상승, 심박수 증가 등이 발생할 수 있어 심장질환, 고혈압 환자는 과다 섭취 주의

술과 섞어 마시지 않기
- 에너지음료와 술을 섞어 마시면 카페인이 함유되어 실제보다 덜 취한 것처럼 느끼기 때문에 술을 평소보다 더 많이 마시게 될 수 있어 주의 필요

운동 전후 에너지음료 대신 물 마시기
- 카페인이 함유된 음료는 이뇨 작용으로 탈수를 일으킬 수 있으므로 운동으로 인해 부족한 수분은 물로 보충하는 것이 바람직

올바르게 에너지음료 마시기
- 카페인 함량을 확인하고, 카페인이 함유된 식품의 개인별 섭취량을 고려해 하루 최대 섭취권고량* 이하로 마시기
  - * 성인 400mg 이하, 임산부 300mg 이하, 어린이·청소년 2.5mg/kg(체중) 이하
    (50kg 청소년의 하루 최대 섭취권고량은 125mg)
- 영양성분 표시(예 열량, 당류 등)를 확인하고 섭취량 조절하기
- 졸음이 오면 물을 마시거나 가벼운 스트레칭으로 해소하기
- 숙면을 방해할 수 있으므로 늦은 저녁시간의 섭취는 피하기

고카페인음료는 주표시면에
'총 카페인 함량 ○○mg'을 표시해야 함
(식품등의 표시기준, 식약처 고시 2016-99호)

고카페인 함유 45mg

에너지음료의 카페인 함량 표시

출처 : 한국소비자원(2016).

청소년은 체중 1kg당 2.5mg 이하로 설정하여 섭취량 조절을 권고하고 있다. 카페인은 커피 이외에도 에너지음료, 초콜릿 등 다양한 가공식품을 통해 섭취할 수 있다. 식품별 평균 카페인 함량은 커피 123mg, 커피·초콜릿 우유 84mg, 인스턴트커피 69mg, 에너지음료 58mg, 콜라 23mg, 초콜릿 16mg, 녹차 15mg으로 식품을 선택할 때 카페인 함량 표시를 확인하고 하루에 섭취하는 총 카페인 양을 조절하는 것이 필요하다.

5. 대사증후군

1) 정의

대사증후군은 인슐린 저항성으로 인해 뇌심혈관질환이나 당뇨병 등의 위험을 높이는 비만, 고혈압, 고혈당, 이상지질혈증 등의 대사 이상이 군집해 있는 상태를 의미한다. 통계청의 건강검진통계에 의하면, 2019년 대사증후군 비율은 19.2%(남자 21.4%, 여자 16.7%)로, 대사증후군의 진단기준은 다음과 같다 표 12-4 .

표 12-4 한국인의 대사증후군 진단기준

구분	기준	비고
복부비만	허리둘레 남자 90cm, 여자 85cm 이상	이 중 세 가지 이상에 해당되면 대사증후군으로 진단함
고중성지방혈증	150mg/dL 이상	
저HDL-콜레스테롤혈증	남자 40mg/dL, 여자 50mg/dL 미만	
공복혈당 상승	100mg/dL 이상이거나 약물치료 중	
혈압 상승	130/85mmHg 이상이거나 약물치료 중	

출처 : Grundy et al(2005). Circulation 112: pp.2735-52, 2005; 이상엽 등(2006), 대한비만학회지 15(1): pp.1-9,

2) 원인

일반적으로 인슐린 저항성이 대사증후군의 주된 원인으로 보고되고 있다. 인슐린 저항성을 가진 사람들의 경우 대부분 복부비만인 경우가 많고, 혈중 지질 수준도 높아 고혈압, 이상지질혈증, 심장병 등의 만성질환이 잘 발생한다. 그렇지만 대사증후군은 유전 및 환경적 요인이 복합적으로 관여하여 발생하고, 환경적 요인으로는 운동부족과 비만, 특히 복부비만 등이 있으며, 식생활 요인으로는 비만을 유발하는 과식, 즉고열량의 간식이나 탄산음료의 과다 섭취, 불포화지방산, 비타민, 마그네슘 등의 섭취부족 등이 있다.

3) 식사요법

대사증후군 치료의 목표는 심혈관계 질환과 당뇨병을 예방하는 것이다. 대사증후군은 인슐린 저항성으로 인해 비만, 고혈압, 고혈당, 이상지질혈증 등이 동반되어 있으므로 대사증후군에서는 각각 동반된 이상 지표 개선을 위하여 비만, 고혈압, 당뇨병및 이상지질혈증의 식사요법에 준한 식사관리가 필요하다.

노인기

평균 수명의 증가에 따른 노인 인구의 증가는 현대 사회의 특징 중 하나이다. 연령 증가에 따른 신체 기능의 감소는 영양, 운동 등 환경적 요인을 적절하게 관리하면 늦출 수 있고 또한 질병에 걸리지 않고 건강한 노인기를 보낼 수 있으므로 노인기의 영양과 건강관리는 매우 중요하다. 본 장에서는 장수 노인들의 식생활 특성을 이해하고 장수와 치매 예방을 위한 식생활 방법을 학습하자.

CHAPTER 13
노인기

1. 노화

노화란 나이가 증가함에 따라 생리적 기능이 점진적으로 저하되는 현상을 말하며, 이러한 기능의 감소는 회복될 수 없을 뿐만 아니라 질병과 연관되어 궁극적으로는 사망에 이르게 한다. 연령이 증가하면서 신체적·정신적 기능이 떨어지고, 환경 변화에 대한 적응력이 감소하며, 항상성 유지능력이 약화된다. 또한 면역기능의 감퇴로 질병에 대한 저항력과 회복능력이 떨어져 여러 가지 만성질환에 노출되기 쉽다. 노화에 따른 신체 기능의 변화는 다음과 같다.

1) 심혈관계

심장기능이 감소하고, 혈액순환의 장애가 일어난다. 심박동수, 심박출량, 동맥의 팽창능력이 감소한다. 따라서 동맥경화, 고혈압, 뇌출혈, 심근경색, 심부전의 발생률이 증가한다.

2) 신경조직

신경자극 전달능력이 저하되고 따라서 저작기능, 학습능력, 운동기능이 감소한다. 시력, 청력이 약해지고 냄새나 맛에 대한 민감성이 둔해진다. 갈증도 예민하게 느끼지 못하여 수분 섭취량 부족에 따른 탈수와 변비가 생기기 쉽다.

3) 폐기능

폐는 노화에 따라 기능 감소가 가장 큰 장기로, 연령 증가에 따라 총 폐용량 및 폐활량이 감소한다.

4) 콩팥

콩팥의 기능 단위인 네프론이 감소하여 신혈류량, 사구체 여과율이 저하되므로 노폐물 배설 및 체내 항상성 유지에 문제가 생긴다.

5) 소화기계

위산 분비가 감소하고 장점막 위축, 소화액 분비 저하, 장운동의 저하 등으로 인해 영양소의 소화·흡수능력이 감소한다.

2. 장수를 위한 식생활

1) 장수의 개념과 현황

일반적으로 65세 이상을 노인이라 일컫는데, 평균 수명이 꾸준히 증가하면서 노인 인구비율도 급증하고 있다. 노인 인구가 7% 이상인 사회를 고령화사회, 14% 이상인 사회를 고령사회, 20% 이상인 사회를 초고령화사회라고 한다. 우리나라는 2000년에 고령화사회에 진입한 이후, 17년 만인 2017년에 고령사회로 진입하였고, 2025년경엔 초

궁금해요

우리나라의 대표적 장수지역은 어디인가요?

2015년 통계청에서 만 100세 이상 고령자 가구를 방문하여 조사한 결과, 2015년 11월 우리나라 100세 이상 인구는 3,159명이었으며, 인구 10만 명당 6.6명이었다. 시군구별 인구 10만 명당 고령자의 수는 충북 괴산군 (42.1명), 경북 문경시(33.9명), 전남 장성군(31.1명), 충남 서천군(31.0명), 경남 남해군(29.0명) 순이었다. 100세 이상 고령자가 생각하는 장수 비결로는 소식 등 절제된 식생활 습관, 규칙적인 생활, 낙천적인 성격 등이 있었다.

출처 : 통계청(2016). 100세 이상 고령자조사 집계결과.

고령화사회에 도달할 것으로 예측되고 있다.

동서고금을 막론하고 건강과 장수는 사람들이 가장 염원하는 것이다. 동물이 일

표 13-1 **국가별 기대수명 및 건강수명(2019년 기준)**

기대수명(세)					건강수명(세)				
순위	국가	전체	남자	여자	순위	국가	전체	남자	여자
1	일본	84.3	81.5	86.9	1	일본	74.1	72.6	75.5
2	스위스	83.4	81.8	85.1	2	싱가포르	73.6	72.4	74.7
3	한국	83.3	80.3	86.1	3	한국	73.1	71.3	74.7
4	싱가포르	83.2	81.0	85.5	4	스위스	72.5	72.2	72.8
5	스페인	83.2	80.7	85.7	5	키프로스	72.4	71.8	73.0
6	키프로스	83.1	81.1	85.1	6	이스라엘	72.4	72.0	72.7
7	호주	83.0	81.3	84.8	7	스페인	72.1	71.3	72.9
8	이탈리아	83.0	80.9	84.9	8	프랑스	72.1	71.1	73.1
9	이스라엘	82.6	80.8	84.4	9	아이슬란드	72.0	71.7	72.3
10	노르웨이	82.6	81.1	84.1	10	이탈리아	71.9	71.2	72.6
11	프랑스	82.5	79.8	85.1	11	스웨덴	71.9	71.7	72.1
12	룩셈부르크	82.4	80.6	84.2	12	룩셈부르크	71.6	71.1	72.0
13	스웨덴	82.4	80.8	84.0	13	말타	71.5	70.9	71.9
14	아이슬란드	82.3	80.8	83.9	14	노르웨이	71.4	71.0	71.6
15	캐나다	82.2	80.4	84.1	15	네덜란드	71.4	71.3	71.5
16	뉴질랜드	82.0	80.4	83.5	16	캐나다	71.3	70.5	72.0
17	말타	81.9	79.9	83.8	17	아일랜드	71.1	70.7	71.4
18	아일랜드	81.8	80.2	83.5	18	핀란드	71.0	69.9	72.0
19	네덜란드	81.8	80.4	83.1	19	포르투갈	71.0	69.6	72.2
20	독일	81.7	78.7	84.8	20	덴마크	71.0	70.7	71.4

출처 : WHO(2021). World health statistics 2021.

반적으로 일생의 약 20%를 성장기로 보낸다는 학설을 근거로 사람이 25세까지 성장한다고 가정한다면 125세까지도 생존이 가능할 것으로 추정된다. 현재까지의 최대 장수 기록은 1997년에 122세로 사망한 프랑스 여성 잔느 깔망(Jeanne Calment)이다.

우리나라의 장수현황은 2019년 통계청 자료에 의하면 100세 이상 고령자가 4,874명으로 2010년 1,835명에 비해 165.6% 증가하였다. WHO에서 발표한 국가별 기대수명(2019년 기준)에 따르면 1위는 84.3세인 일본으로 나타났으며, 우리나라는 3위로 83.3세였다. 그러나 평균 수명에서 질병이나 부상으로 활동하지 못한 기간을 뺀 기간

표 13-2 백세인들이 좋아하는 식품군

좋아하는 식품군	비율(%)
채소류	96.8
콩류	905
해조류	88.9
과일류	79.4
버섯류	79.4
생선류	73.0
난류	68.2
육류	63.2

출처 : 박상철(2002). 한국의 백세인.

삶은 고기 요리의 특징은 무엇인가요?

궁금해요

고기를 삶으면 고기의 지방질과 나쁜 세균이 완전히 제거되는 것으로 알려져 있다. 돼지고기를 비롯한 육류는 불에 직접 가열하여 조리하면 독성물질이 생겨난다. 숯불로 조리한 돼지고기에서 '다환 방향족 탄화수소(polycyclic aromatic hydrocarbons, PAH)'가 검출되었는데 돼지고기를 석쇠에 놓고 숯불에 직접 조리하면 불판을 이용해서 조리했을 때보다 PAH가 20배가량 더 발생하는 것으로 알려졌다. 또한 돼지고기에서 떨어진 지방이 숯불에 타면서 나는 연기가 고기에 다시 달라붙어 PAH 발생을 더욱 가중시킨다. 한편 돼지고기나 쇠고기는 150℃ 이상의 높은 온도에서 조리하면(튀김 등) 헤테로사이클릭아민이나 아민류 같은 돌연변이 유발성 물질이 생기기 쉽다. 그렇기 때문에 숯에 직접 굽거나 기름에 튀기면 고기가 높은 온도에 노출되어 발암물질이 생길 가능성이 높아진다.

우리나라 백세 노인들의 식생활 특성은 무엇인가요?

직접 가꾼 채소로 차린 소박한 밥상
텃밭에서 손수 채소를 재배하여 식용하고 있었으며, 1년 내내 신선한 채소를 먹고 있었다.

생야채보다 데친 나물을 좋아한다
자주 먹는 반찬의 종류는 '무침'이나 '나물'이라고 답한 것에 비해 생채소를 즐겨 먹는다고 대답한 백세인은 극소수에 불과했다.

콩을 많이 먹는다
된장과 청국장 등 콩으로 만든 발효식품, 두부를 즐겨 먹으며 콩을 넣은 밥을 먹었다.

육류는 삶는 조리법을 좋아한다
백세 노인들은 주로 채식 위주로 식사를 하지만, 특별히 육식을 싫어하는 사람도 별로 없었다. 굽거나 튀긴 고기를 즐겨 먹는 경우가 거의 없었으며 삶은 돼지고기를 대부분 좋아했다.

백세인이 싫어하는 음식
일반적으로 백세인들은 가리는 음식 없이 대체로 다 잘 먹었다. 그러나 식품 기호도 조사 결과, 싫어하는 음식으로는 장아찌(55.6%), 죽과 수프(46%), 젓갈(42.9%), 튀김(41.3%) 등을 꼽았다. 일반적으로 짠 음식을 싫어하며, 튀긴 음식을 싫어했다.

백세인의 밥상에 빠지지 않는 장류
백세인들이 채소와 함께 밥상에 빼놓지 않고 올려놓는 반찬은 된장, 생고추장 등의 장류로, 반찬의 간을 맞추고 대부분 끼니 때마다 된장찌개를 빼놓지 않았다.

무조건 소식은 아니다
백세인들은 일반 노인들에 비해 결코 적지 않은 식사량을 유지하고 있었으나 젊을 때보다는 적게 먹고 있었다. 우리나라 백세인의 하루 평균 열량 섭취량은 집에서만 활동하는 대다수 노인들의 하루 평균 열량 섭취량보다 많았다.

가리지 않고 골고루 먹는다
몸에 좋다는 음식만 고집하거나 체질에 맞는 음식을 골라 먹는 경우도 거의 없었다. 그러나 매끼 밥과 국(혹은 찌개), 반찬이 있는 식사를 하는 것으로 나타났다.

정해진 시간에 정해진 양만을 먹는다
백세인의 식생활은 매우 규칙적이었다. 정해진 시간에 일정한 양만 먹고 있었다.

가족과 함께 먹는다
온 가족이 밥상에 둘러앉아 함께 먹는 사람이 대부분이었고, 혼자서 식사를 하는 경우보다 가족과 함께 식사할 경우에 영양소 섭취율이 더 높았다.

출처 : 박상철(2002). 한국의 백세인.

으로 얼마나 건강하게 오래 사는가에 초점을 두고 산출한 한국인의 건강수명은 73.1세로 기대수명과 건강수명 간에 약 11년의 격차를 보이고 있다 표 13-1 .

2) 세계 10대 장수 식품

(1) 토마토

토마토는 강력한 노화 방지 성분을 함유하고 있고, 전립선암 발생률을 절반 이하로 떨어뜨리는가 하면 관상동맥경화 등의 질병을 예방하는 효능이 탁월한 것으로 알려져 있다. 실제로 유럽에서 건강하게 오래 사는 나라 중 하나인 이탈리아에서는 매끼 식탁에 토마토가 빠지지 않는다. 토마토가 붉은빛을 띠는 것은 토마토의 '라이코펜'이라는 성분 때문인데, 라이코펜은 노화를 유발하고 DNA를 손상시키는 물질인 활성산소를 억제하고, 동맥의 노화 진행을 지연시키는 효능이 있다. 따라서 토마토는 덜 익은 것보다 빨갛게 잘 익은 것을 먹는 것이 좋다. 토마토는 날것보다 기름에 볶아 먹을 때 체내 라이코펜의 흡수율이 높아진다.

(2) 시금치

철, 비타민 B군, 아미노산 등이 풍부하며 신경결손 및 심혈관계 질병을 예방하는 것으로 알려져 있고 저열량 식품으로 체중조절에도 도움이 된다.

(3) 적포도주

프랑스인이 다른 서구인에 비해 심혈관계 질환 발병률이 적은 이유를 설명해 주는 식품이다. 폴리페놀로 알려진 항독성 물질이 몸에 좋은 HDL-콜레스테롤을 활성화시킬 뿐만 아니라 혈관 경화를 초래하는 펩티드 생성도 막아준다. 하지만 너무 많이 마시면 간질환이나 유방암을 유발할 수 있다.

(4) 견과류

견과류에 함유되어 있는 엘라직산이 암 자살세포를 활성화시킨다.

(5) 브로콜리

설포라페인이 함유되어 있어 유방·대장·위암 발생 억제에 효과가 있다. 또 식이섬유와 비타민 C가 풍부하다.

(6) 귀리

콜레스테롤의 제거와 혈압강하 효과가 탁월하다.

(7) 연어

다량 함유된 ω-3 지방산으로 각종 난치병 예방에 도움이 된다. 류마티스, 루프스와 같은 면역질환의 생성을 막아줄 뿐 아니라 알츠하이머 등의 노인성 질환에도 좋다.

(8) 마늘

심장병 예방과 항박테리아, 항곰팡이, 종양 성장 억제 효과가 있다. 알리신이라는 유황성분이 세포의 노화를 막고 호르몬 분비를 왕성하게 해서 노화를 예방해 준다.

(9) 녹차

비타민 C보다 100배나 강한 항산화 작용을 가진 폴리페놀이 다량 함유되어 있어 종양 발생을 초기에 억제한다. 위, 간, 심장 등의 질환 예방에 좋다. 녹차를 하루 10잔 이상 마시는 남성은 3잔 이하로 마시는 사람보다 84세까지 장수하는 비율이 12%나 높은 것으로 보고되었다.

(10) 머루

항산화 물질을 풍부하게 함유하고 있다.

3) 장수를 위한 식사법

(1) 천천히 꼭꼭 씹어 먹자

음식을 한 번 넘길 때 최소한 40회 이상은 꼭꼭 씹어 삼켜야 한다. 그러면 입 속에서 프티알린과 같은 소화효소가 충분히 분비되어 음식물을 제대로 소화시킬 수 있는 준비를 한 뒤 장으로 내보내기 때문이다. 또한 많이 씹을수록 뇌를 자극해서 치매도 방지하는 것으로 알려져 있다.

(2) 소식(小食)하는 습관을 갖자

음식을 섭취할 때면 배가 약간 고플 정도로 적당하게 먹어야 한다. 적당히 섭취된 음식물은 체내에서 효율적으로 이용되고, 내장 기능도 무리 없이 정상적 기능을 수행하게 된다.

(3) 식사시간을 규칙적으로 하자

건강한 식습관은 일정한 식사시간을 지키는 데서 시작한다. 음식을 소화하는 능력이 가장 활발한 시간은 보통 오전 7시부터 오후 3시까지이며, 이때 위장이나 소장 등

노인은 적당히 살쪄야 오래 산다?

노인의 경우 지나친 다이어트는 좋지 않으며, 오히려 과체중보다 저체중의 경우 사망 위험이 높아진다는 연구결과가 보고되고 있다. 최근 국내의 연구팀에서 65세 이상 노인 17만639명을 대상으로 5년간 추적관찰해 비만도를 나타내는 체질량지수(BMI)가 사망위험률에 미치는 영향을 분석한 결과 BMI가 낮은 경우 사망 위험이 높아졌다는 연구결과를 발표하였다. BMI가 22.5~24.9인 경우를 기준(사망 위험 1로 봄)으로 잡고 BMI에 따른 사망률을 분석했을 때, 기준보다 BMI가 낮을수록 사망 위험이 증가하고, 오히려 기준보다 BMI가 높은 BMI 25 이상 30 미만의 범위에서 사망 위험이 감소하였다. 우리나라에서 비만으로 분류되는 BMI 25~27.4에서 사망 위험은 남성 0.86, 여성 0.84로 기준보다 낮았다. BMI 27.5~29.9에서의 사망 위험도 남성 0.79, 여성 0.89로 모두 기준보다 낮게 나타났다. 반면 BMI 22.5 이하일 때 사망 위험률이 유의하게 증가하여, BMI 25~29.9와 비교 시 BMI 17.5~19.9에서는 2배 이상, BMI 16~17.4에서는 3배 이상 높았다. 특히 BMI가 증가하면 호흡기질환으로 인한 사망 위험이 현저히 감소했다. 심혈관계 질환과 암으로 인한 사망 위험도 역시 BMI가 25~27.4가 될 때까지 꾸준히 감소했다. 이러한 연구결과에 따라 노인의 경우 과체중과 비만에 대한 지나친 우려보다는 오히려 낮은 BMI가 사망 위험에 미치는 영향에 주의하여 올바른 영양관리가 이루어져야 함이 제안되고 있다.

출처 : 국민일보(2019. 1. 17), Geriatr Gerontol Int 2018; 18: pp.538~546.

궁금해요

의 장기가 가장 왕성하게 활동을 한다. 따라서 아침과 점심보다 저녁을 적게 먹는 것이 좋다. 저녁을 늦게 먹고 자게 되면 다음 날 몸이 붓고 하루가 피곤하게 된다. 밤에는 소화기관의 활동보다는 콩팥이나 간이 활동할 시기이나 밤에 섭취한 음식은 소화기관의 활동을 재촉하여 콩팥과 간의 기능을 떨어뜨리는 원인이 되기 때문이다. 대부분의 비만과 소화기관의 질환, 콩팥병, 당뇨병, 우울증, 피로 등은 늦은 식사에 원인이 있는 경우가 많다고 한다.

3. 치매 예방을 위한 식생활

1) 치매 발생 현황 및 원인

치매는 정상적으로 생활해오던 사람이 후천적 원인으로 인해, 기억력을 비롯한 여러 가지 인지 기능의 장애가 나타나, 일상생활을 혼자하기 어려울 정도의 상태를 말한다. 치매는 어떤 하나의 질병명이 아니라 특정한 조건에서 여러 증상들이 함께 나타나는 증상들의 묶음이라고 할 수 있다. 우리나라 노인의 치매유병률은 2017년 기준 약 9.95%로, 노인 인구 10명 중 1명이 치매로 추정되고 있다 그림 13-1 .

치매의 원인 중 가장 대표적인 알츠하이머병은 뇌세포의 퇴화로 기억력을 비롯한 여러 인지 기능이 점진적으로 저하되는 만성뇌질환이다. 이는 가장 흔한 치매의 원인으로 전체 치매 발생의 55~70%를 차지한다. 알츠하이머병 환자의 뇌는 일반인에 비하여 위축되어 있고, 뇌 조직에 베타-아밀로이드 단백질이 침착되거나 비정상적으로

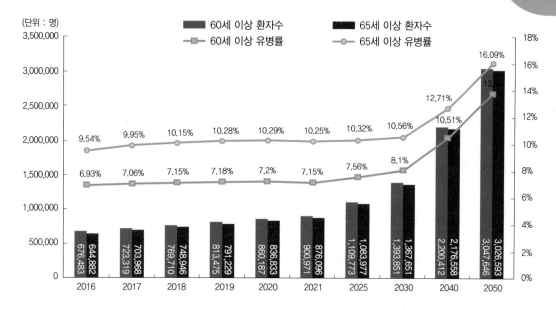

그림 13-1 치매환자 유병률 및 추이

출처 : 보건복지부, 중앙치매센터(2017). 2016년 전국 치매역학조사.

엉겨 붙으면서 형성된 신경섬유다발이 발견된다. 두 물질이 쌓이는 이유는 아직 밝혀지지 않았다.

또 다른 치매의 원인은 뇌의 혈액 공급의 문제로 발생하는 혈관성 치매로 전체 치매 발생의 약 15~20%를 차지하고 있다. 혈관치매의 위험요인은 고혈압, 당뇨병, 이상지질혈증, 흡연과 과음 등이다. 혈관성 치매의 경우 뇌혈액순환장애가 직접적인 원인이 된다. 뇌혈관이 좁아지거나 막혀서 나타나는 허혈성 뇌혈관질환과 뇌혈관의 파열로 인해 출혈이 발생하는 출혈성 뇌혈관질환이 혈관성 치매를 일으키는 뇌혈관질환이다.

이 외에도 알코올은 신경세포에 부정적인 영향을 주어, 장기간 과음을 할 경우 알코올성 치매를 일으킬 수 있다. 알코올성 치매는 알코올 섭취량에 따라 비교적 이른 나이에도 발생할 수 있다.

2) 치매의 관리 및 예방에 유용한 영양소

(1) 비타민 E
비타민 E는 대표적인 항산화 비타민으로서 비타민 E의 알츠하이머성 치매에 대한 치료효과는 여러 연구에서 보고되었다. 그러나 고농도의 비타민 E 투여는 의사의 처방에 따라 수행하고 비타민 E가 풍부한 식품을 평소에 충분히 섭취하는 것을 권장한다. 비타민 E는 땅콩, 아몬드 등 견과류와 면실류, 홍화유, 대두유 등 식물성 유지에 풍부하게 함유되어 있다.

(2) 비타민 C와 베타-카로틴
비타민 C와 베타-카로틴 또한 대표적인 항산화 영양소로, 치매증상의 악화 방지 및 예방에 효과가 있는 것으로 보고되고 있다. 비타민 C의 주된 급원식품은 감귤류와 녹색채소로, 오렌지, 자몽, 귤, 토마토, 딸기, 풋고추 등이다. 베타-카로틴은 당근이나 늙은 호박, 녹색 엽채류, 옥수수, 토마토, 오렌지 등에 많이 함유되어 있다. 따라서 과일과 녹색채소류의 섭취로 비타민 C와 베타-카로틴의 섭취를 높일 수 있다.

(3) 콜린과 레시틴
알츠하이머성 치매환자들은 뇌신경 전달물질인 아세틸콜린의 농도와 이를 합성하는 데 필요한 콜린아실트렌스퍼라아제의 농도가 비정상적으로 낮은 것으로 보고되고 있어, 레시틴과 콜린이 풍부한 식품의 섭취가 알츠하이머성 치매 예방에 유용한 것으로 알려지고 있다. 레시틴과 콜린은 난황, 육류의 내장, 콩 및 콩제품, 통밀 등 정제하지 않은 곡식에 풍부하게 함유되어 있다. 그러나 난황과 육류의 내장은 콜레스테롤의 함량이 높고 노인이 소화시키는 데 어려움이 있으므로 잡곡밥과 두부, 두유 등 콩 및 콩제품의 섭취를 증가시키는 것이 바람직하다.

(4) 불포화지방산
불포화지방산인 EPA(Eicosapentaenoic Acid)와 DHA(Docosahaxaenoic Acid)는

뇌세포의 주된 물질로서 두뇌 기능과 관계하여 각광을 받고 있다. 또한 EPA와 DHA는 혈소판의 응집을 억제하는 작용이 있어 뇌혈관장애를 예방하는 효과가 있다. 이러한 불포화지방산들은 정어리, 참치, 꽁치, 고등어와 같은 등푸른 생선에 많이 함유되어 있다.

(5) 수분

노인은 활동량이 적고 갈증에 대한 느낌도 둔해짐에 따라 수분의 공급이 충분히 이루어지지 않기 때문에 수분이 부족하기 쉽다. 이러한 수분 부족은 변비와 탈수의 원인이 된다. 특히 기온이 높아 땀을 많이 흘리는 여름철에는 수분 공급에 특별히 주의하여 생수나 보리차, 우유, 주스 등을 많이 마셔야 한다. 또한 신선하고 수분이 많은 과일을 섭취한다.

(6) 아연

노인은 노화에 따른 미각의 감퇴로 인해 음식의 맛을 잘 느끼지 못하게 된다. 특히 치매 노인의 경우 미각의 극심한 변화가 생겨 극단적으로 단것이나 짠것을 요구하기도 한다. 아연의 결핍은 미뢰를 변화시켜 미각의 감퇴를 촉진시키므로 아연이 함유된 식품을 적절히 섭취함으로써 미각의 감퇴를 예방할 수 있다. 또한 아연은 정상적인 뇌의 기능을 유지하는 데 필요한 것으로 알려져 있다. 따라서 아연이 풍부한 굴, 명태류, 견과류 등을 노인의 식사에 포함시키는 것이 좋다.

(7) 마그네슘

마그네슘의 상대적인 결핍은 치매와 연관이 있는 것으로 생각되고 있다. 마그네슘의 결핍은 식이 섭취 부족, 보유력의 감소, 알루미늄과 같은 신경독성이 있는 금속의 과다한 섭취 등이 원인이 된다. 마그네슘은 엽록소의 구성성분이기 때문에 식물성 식품에 풍부하게 함유되어 있고 견과류, 대두, 전곡 등도 좋은 급원식품이다.

(8) 기타 미량영양소

장기간의 영양소 결핍은 뇌의 기능을 감소시킬 수 있다. 특히 티아민, 비타민 B_6, 비타민 B_{12}, 엽산 등의 식이 섭취가 심하게 결핍되었을 때 기억력을 포함한 뇌의 정신능력이 손상되었다는 보고가 있다. 미량무기질인 철 또한 뇌의 정상적인 기능 유지에 필요하다.

알아가기 +

치매관리 및 예방을 위한 식생활지침

1. 균형된 식사로 적정 체중을 유지한다.
2. 비타민과 무기질의 공급을 위해 채소와 과일을 충분히 섭취한다.
3. 변비를 예방하고 탈수를 막기 위해 수분을 충분히 섭취한다.
4. 비타민 E와 콜린, 무기질 등의 공급을 위해 콩 및 콩제품과 견과류를 충분히 섭취한다.
5. 단백질의 급원식품으로 육류 대신 불포화지방산이 많은 생선과 콩 및 콩제품을 이용한다.
6. 음식의 간은 싱겁게 한다.
7. 알코올의 섭취를 금한다.
8. 담배를 피우지 않는다.

3) 치매 노인이 피해야 할 것

(1) 염분

노인의 경우 미각의 둔화로 인해 염분을 과다 섭취할 가능성이 크다. 특히 치매 노인의 경우 짜고 진하게 먹는 것을 좋아하는 경우가 많다. 그러나 염분의 과다 섭취는 혈압을 올리고 이로 인해 부가적인 건강상의 위험이 증가하므로 가능한 한 싱겁게 섭취하도록 한다.

(2) 포화지방산과 콜레스테롤

노화로 인해 혈관의 탄력성과 직경이 줄어든 상태에서 포화지방산과 콜레스테롤 등의 과도한 섭취는 동맥경화를 포함한 뇌혈관장애를 일으키고 이는 치매의 원인이 될 수 있다. 따라서 포화지방산과 콜레스테롤이 많이 함유된 동물성 지방의 섭취는 제한한다. 육류를 섭취할 때는 가능한 한 지방이 적은 부위를 선택하고, 육류보다는 생선을 섭취하는 것이 바람직하다.

(3) 알루미늄

치매의 원인은 정확히 밝혀지지 않았으나, 알츠하이머성 치매의 경우 뇌에 알루미늄이 정상인에 비하여 10~30배 정도 침착되어 있었음이 보고되어 알루미늄의 과다 섭취가 원인 중의 하나인 것으로 생각되고 있다. 알루미늄은 각종 식품의 포장재료, 조리용기, 의약품, 기계부품 및 팽창제와 유화제, 항응고제, 착색료 등에 사용된다. 또한 식수의 처리 시 사용되는 침전제와 제산제, 진통제, 항궤양성 약물 등에 광범위하게 사용되어 알루미늄에 과도하게 노출될 가능성이 증가하고 있다.

(4) 알코올

소량의 알코올이라 할지라도 일부의 뇌세포를 파괴시키는데, 이는 정상인에게는 크게 문제가 되지 않을 수도 있지만 치매 환자에게는 치매를 가속화시킬 수 있다. 또한 알코올은 치매 환자들이 복용하는 항우울제, 진정제 등의 약물과 상호작용을 할 수 있기 때문에 모든 종류의 술은 보이지 않는 곳에 치워두고 섭취를 금지해야만 한다.

(5) 담배

담배를 피우게 되면 혈액 속의 일산화탄소 농도가 증가하여 산소의 공급이 저하된다. 이로 인해 적혈구의 생산이 증가하고 피의 농도가 높아져 혈관에서의 정체 현상이 많아진다. 또한 담배를 피우게 되면 동맥의 수축으로 혈관이 막힐 위험성이 증가한다. 흡연자들은 비타민 C를 빠르게 대사시켜 동일한 양을 섭취하는 비흡연자에 비해 혈중 비타민 C의 수준이 낮고, 이 밖에도 비타민 D, pxridoxal-5-phosphate, 베타-카로틴, 엽산, 비타민 B_{12}의 수준이 낮다. 이러한 영양소들의 감소는 치매를 악화시킬 수 있다. 또한 담배를 피우기 위해서는 성냥이나 라이터 등을 만지게 되므로 화재의 위험도 있다. 따라서 환자가 담배를 피우지 않도록 하고 보이지 않는 곳에 치워두는 것이 좋다.

참고문헌

국내문헌

강성규. 백세인 건강 장수의 비결. 이너북, 2005

고노 가즈히코. 치매 예방하는 28가지 방법. 시공사, 2000

김미현 외 7인. 식사요법 및 실습. 파워북, 2018

김양식. 100세를 즐기는 장수건강법. 하남출판사, 2003

김춘경 외 4인. 상담학 사전. 학지사, 2016

농림축산식품부·한국농수산식품유통공사. 2019 가공식품 세분시장 현황, 간편식시장. 농림축산식품부, 2019

대한간학회. 한국인 간질환 백서. 대한간학회, 2013

대한고혈압학회. 고혈압 진료지침. 대한고혈압학회, 2018

대한골대사학회. 골다공증의 진단 및 치료 지침. 대한골대사학회, 2018

대한당뇨병학회. 2019 당뇨병 진료지침(제6판) 대한당뇨병학회, 2019

대한당뇨병학회. 2021 당뇨병 진료지침(제7판). 대한당뇨병학회, 2021

대한당뇨병학회. 당뇨병 식품교환표 활용지침(제3판). 대한당뇨병학회, 2010

대한비만학회. 비만 진료지침 2018. 대한비만학회, 2018

대한영양사협회. 식사계획을 위한 식품교환표(개정판). 대한영양사협회, 2010

대한영양사협회. 임상영양관리지침서(제3판). 대한영양사협회, 2008

박상철. 한국의 백세인. 서울대학교출판부, 2002

보건복지부. 임신·수유부를 위한 식생활지침. 보건복지부, 2009

보건복지부. 어르신을 위한 식생활지침. 보건복지부, 2010

보건복지부. 2019 국민건강통계. 보건복지부, 2020

보건복지부·농림축산식품부·식품의약품안전처. 한국인을 위한 식생활지침. 보건복지부·농림축산식품부·식품의약품안전처, 2021

보건복지부·중앙암등록본부·국립암센터. 국가암등록사업 연례 보고서(2018년 암등록통계). 국립암센터, 2021

보건복지부·중앙치매센터. 2016년 전국 치매역학 조사. 중앙치매센터, 2017

보건복지부·한국영양학회. 2015 한국인 영양소 섭취기준. 보건복지부, 2015

보건복지부·한국영양학회. 2020 한국인 영양소 섭취기준. 보건복지부, 2020

승정자 외 5인. 칼로리핸드북. 교문사, 2005

식품의약품안전처 보도자료. 유아·청소년 하루 당류 섭취 많아 관심 필요. 식품의약품안전처, 2021

식품의약품안전청 연구보고서. 취약계층의 카페인 일일권장량의 설정에 관한 연구. 식품의약품안전청, 2007

이미숙 외 5인. 영양판정(5판). 교문사, 2021

이보경 외 4인. 이해하기 쉬운 임상영양관리 및 실습(개정판). 파워북, 2018

이상엽 외 16인. 한국인의 복부비만 기준을 위한 허리둘레 분별점. 대한비만학회지 15: 1-9, 2006

이현옥 외 5인. 생애주기영양학(3판). 교문사, 2021

통계청. 2019 사망원인통계. 통계청, 2020
통계청. 100세 이상 고령자조사 집계결과, 2016
한국지질·동맥경화학회. 이상지질혈증 치료지침(제4판). 한국지질·동맥경화학회, 2018
황원민. 만성콩팥병의 단계별 최적의 치료 전략. 2016년 대한내과학회 학술대회. 54-57, 2016

국외문헌

Grundy SM et al. Diagnosis and management of the metabolic syndrome: an American Heart Association/National Heart, Lung, and Blood Institute Scientific Statement. Circulation 112: 2735-2752, 2005

Kidney Disease: Improving Global Outcome(KDIGO) CKD Work Group. KDIGO 2012 Clinical Practice Guideline for the Evaluation and Management of Chronic Kidney Disease. Kidney Int 3S: 1-150, 2013

Kim et al. Prognostic effect of body mass index to mortality in Korean older persons. Geriatr Gerontol Int 18: 538-546, 2018

Lee RD, Nieman DC. Nutritional assessment, 4th ed. McGraw-Hill Education, 2007

Saunders JB et al. Development of the Alcohol Use Disorders Identification Test (AUDIT): WHO Collaborative Project on Early Detection of Persons with Harmful Alcohol Consumption-II. Addiction 88: 791-804, 1993

Weaver CM, Plawecki KL. Dietary calcium: adequacy of a vegetarian diet. Am J Clin Nutr 59: 1238S-1241S, 1994

World Health Organization(WHO). Obesity: Preventing and managing the global epidemic. Report of a WHO consultation. World Health Organization, 2000

World Health Organization(WHO). World health statistics 2021: monitoring health for the SDGs, sustainable development goals. World Health Organization, 2021

웹사이트

국가암정보센터. http://www.cancer.go.kr
대한신장학회. http://www.ksn.or.kr/
도로교통공단. 2021. 술을 마셨을 때 혈중 알코올 농도 계산하기. https://www.koroad.or.kr/kp_web/drunkDriveInfo5.do
식품의약품안전처. 식품안전나라(영양표시 바로 알기 교육 프로그램). https://www.foodsafetykorea.go.kr/portal/board/boardDetail.do
질병관리청. 국가건강정보포털. https://health.kdca.go.kr/healthinfo/index.jsp

통계청. 연령 및 성별 인구. https://kosis.kr/statHtml/statHtml.do?orgId=101&tblId=DT_1IN1503 [cited 2021 June 15]

통계청. 2019. 장래가구추계: 2017~2047년. http://kostat.go.kr/portal/korea/kor_nw/1/2/6/index. board?bmode=read&bSeq=&aSeq=379314&pageNo=1&rowNum=10&navCount=10&currPg =&searchInfo=&sTarget=title&sTxt= [cited 2021 June 15]

한국소비자원. 2016. 에너지음료, 카페인·당류 함량 확인하고 마셔야. http://www.kca.go.kr/brd/ m_32/view.do?seq=2162&multi_itm_seq=0 [cited 2019 Jan 28]

American Council on Exercise(2021). Percent body fat norms for men and women. https:// www.acefitness.org/education-and-resources/lifestyle/tools-calculators/percent-body-fat- calculator/. [Cited 2021 July 28]

https://www.naturalhealthyconcepts.com/

**저자
소개**

김미현
공주대학교 식품영양학과 교수

배윤정
한국교통대학교 식품생명학부 식품영양학전공 교수

연지영
서원대학교 식품영양학과 교수

최미경
공주대학교 식품영양학과 교수

4판

현대인의 질환과 생애주기에 맞춘

영양과 식사관리

2006년 6월 19일 초판 발행 | 2009년 2월 20일 초판 2쇄 발행
2013년 2월 28일 2판 발행 | 2019년 3월 4일 3판 발행 | 2021년 8월 20일 4판 발행

지은이 김미현·배윤정·연지영·최미경 | **펴낸이** 류원식 | **펴낸곳 교문사**

편집부장 김경수 | **책임진행** 안영선 | **디자인** 신나리 | **본문편집** 우은영

주소 (10881)경기도 파주시 문발로 116 | **전화** 031-955-6111 | **팩스** 031-955-0955

홈페이지 www.gyomoon.com | **E-mail** genie@gyomoon.com

등록 1968. 10. 28. 제406-2006-000035호

ISBN 978-89-363-2219-9(93590) | 값 22,500원